David Gutjahr

Objektive Bewertung querdynamischer Reifeneigenschaften im Gesamtfahrzeugversuch

Karlsruher Schriftenreihe Fahrzeugsystemtechnik
Band 20

Herausgeber
FAST   Institut für Fahrzeugsystemtechnik
       Prof. Dr. rer. nat. Frank Gauterin
       Prof. Dr.-Ing. Marcus Geimer
       Prof. Dr.-Ing. Peter Gratzfeld
       Prof. Dr.-Ing. Frank Henning

Das Institut für Fahrzeugsystemtechnik besteht aus den eigen-
ständigen Lehrstühlen für Bahnsystemtechnik, Fahrzeugtechnik,
Leichtbautechnologie und Mobile Arbeitsmaschinen

Eine Übersicht über alle bisher in dieser Schriftenreihe erschienenen Bände
finden Sie am Ende des Buchs.

Objektive Bewertung querdynamischer Reifeneigenschaften im Gesamtfahrzeugversuch

von
David Gutjahr

Dissertation, Karlsruher Institut für Technologie (KIT)
Fakultät für Maschinenbau, 2013

Impressum

 Scientific
Publishing

Karlsruher Institut für Technologie (KIT)
KIT Scientific Publishing
Straße am Forum 2
D-76131 Karlsruhe

KIT Scientific Publishing is a registered trademark of Karlsruhe
Institute of Technology. Reprint using the book cover is not allowed.

www.ksp.kit.edu

Print on Demand 2014

ISSN 1869-6058
ISBN 978-3-7315-0153-4

Vorwort des Herausgebers

Die Fahrzeugtechnik ist gegenwärtig großen Veränderungen unterworfen. Klimawandel, die Verknappung einiger für Fahrzeugbau und –betrieb benötigter Rohstoffe, globaler Wettbewerb und das rapide Wachstum großer Städte erfordern neue Mobilitätslösungen, die vielfach eine Neudefinition des Fahrzeugs erforderlich machen. Die Forderungen nach Steigerung der Energieeffizienz, Emissionsreduktion, erhöhter Fahr- und Arbeitssicherheit, Benutzerfreundlichkeit und angemessenen Kosten finden ihre Antworten nicht aus der singulären Verbesserung einzelner technischer Elemente, sondern benötigen Systemverständnis und eine domänenübergreifende Optimierung der Lösungen. Hierzu will die Karlsruher Schriftenreihe für Fahrzeugsystemtechnik einen Beitrag leisten. Für die Fahrzeuggattungen Pkw, Nfz, Mobile Arbeitsmaschinen und Bahnfahrzeuge werden Forschungsarbeiten vorgestellt, die Fahrzeugsystemtechnik auf vier Ebenen beleuchten: das Fahrzeug als komplexes mechatronisches System, die Fahrer-Fahrzeug-Interaktion, das Fahrzeug in Verkehr und Infrastruktur sowie das Fahrzeug in Gesellschaft und Umwelt.

In der Entwicklung von Kraftfahrzeugen wird die durchgängige Nutzung virtueller Prototypen angestrebt. Gerade bei komplexen Gesamtfahrzeugeigenschaften wie dem Fahrverhalten gelingt dies noch nicht immer. Die von den Nutzern erlebbaren Eigenschaften des Fahrzeugs werden im Entwicklungsprozess stets im subjektiven Fahrversuch geprüft, was reale Prototypen erfordert. Um hierfür auch virtuelle Prototypen nutzen zu können, sind Fahrzeug- und Menschmodelle erforderlich. Bei der Abstimmung der erlebbaren Eigenschaften des Fahrzeugs ist der Einfluss einzelner Komponenten auf die Fahrzeugeigenschaften und auf das subjektive Urteil von

Interesse. Es findet eine Betrachtung in drei Bereichen statt: bezüglich der Komponenten, deren Eigenschaften meist in spezifischen Laborversuchen bestimmt werden, bezüglich des Fahrzeugs, dessen Eigenschaften im Fahrversuch ermittelt wird und bezüglich des Fahrers, der diese Eigenschaften und den Einfluss der Komponente auf diese Eigenschaften subjektiv kategorial bewertet. Dabei sind folgende Fragen zu beantworten: Welche Lastfälle im Komponentenversuch sind relevant für den Fahrbetrieb? Welche Lastfälle im Fahrversuch sind relevant für die Untersuchung der Fahrzeugeigenschaften und für die subjektive Bewertung? Welche im Komponentenversuch ermittelbaren Kenngrößen erlauben eine Aussage zu den Fahrzeugeigenschaften und zum subjektiven Eindruck? Welche im Fahrversuch ermittelbaren Kenngrößen erlauben eine Aussage zum subjektiven Eindruck? Der vorliegende Band geht mit dem Fokus auf die Komponente Reifen und hinsichtlich des querdynamischen Fahrzeugverhaltens diesen Fragen detailliert nach und erstellt darauf aufbauend ein Vorhersagemodell für die subjektive Bewertung des Fahrverhaltens.

Karlsruhe, im Dezember 2013 *Frank Gauterin*

Objektive Bewertung querdynamischer Reifeneigenschaften im Gesamtfahrzeugversuch

Zur Erlangung des akademischen Grades
Doktor der Ingenieurwissenschaften
von der Fakultät für Maschinenbau des
Karlsruher Instituts für Technologie (KIT)

genehmigte
Dissertation
von

Dipl.-Ing. David Gutjahr

Tag der mündlichen Prüfung:	18.12.2013
Hauptreferent:	Prof. Dr. rer. nat. F. Gauterin
Koreferent:	Prof. Dr.-Ing. Dr.-Ing. E. h. H.-H. Braess

Kurzfassung

Objektive Bewertung querdynamischer Eigenschaften des Reifens im Gesamtfahrzeugversuch

Der Reifen hat signifikanten Einfluss auf das Fahrverhalten eines modernen Pkws. Heute werden Reifen daher in ihrer Fahrfunktion, in enger Zusammenarbeit von Fahrzeug- und Reifenhersteller, optimiert und auf das Fahrzeug abgestimmt. Dieser Optimierungsprozess wird durch Versuchsingenieure des Fahrzeugherstellers in Form von subjektiven Beurteilungen unterstützt. Eine Reihe von Beurteilungskriterien mit fahrzeugherstellerspezifischen Inhalten sind dabei abzuprüfen. Trotz standardisiertem Vorgehen ist das Ergebnis der Beurteilung stets abhängig von der Person und Entwicklungszielinterpretation des Versuchsingenieurs.

So stellt der Reifenhersteller Versuchsreifen vor, die dann in mehreren Entwicklungsschleifen auf das gewünschte fahrdynamische Zielniveau gebracht werden. Neben dem querdynamischen Verhalten sind weitere Funktionsziele zu Akustik, Längs- und Vertikaldynamik, Rollwiderstand, Notlaufeigenschaften u. v. a. m. zu erreichen.

Den Anforderungen nach kürzeren Entwicklungsintervallen sowie einer steigenden Zahl zu entwickelnder Derivate und entsprechender Reifendimensionen und -typen ist nachzukommen. Hinzu kommen der wachsende Kostendruck, eine stetige Reduzierung der Anzahl an Prototypfahrzeugen und eine Verlagerung hin zu virtuellen Baugruppen.

Um diesen Umständen gerecht zu werden, ist die Unterstützung der Ingenieure des Fahrversuchs durch eine prüfstandsbasierte Vorauswahl mit Hilfe einer simulationsgestützten funktionalen Bewertung notwendig. Auch eine simulatorbasierte Subjektivbeurteilung mit virtuellen Prototypfahrzeugen wird so ermöglicht. Um diese Ziele zu erreichen, sind zunächst Kenngrößen auf Fahrzeugebene zu ermitteln, die das subjektiv empfundene Fahrverhalten widerspiegeln und beschreiben können. Diese Kenngrößen quantifizieren den Zusammenhang zwischen Fahrzeugrückmeldung und subjektivem Fahreindruck.

Im Rahmen dieser Arbeit wurde die Reifenentwicklung der BMW AG über drei Jahre begleitet. Dabei wurde für verschiedene Fahrzeugprojekte zu einer großen Anzahl an Reifenvorstellungen jeweils eine Subjektivbeurteilung zur Fahrfunktion durch Versuchsingenieure durchgeführt. In Verbindung mit einer parallel erfolgten messtechnischen Erfassung der Steuer- und Regeleingriffe des Fahrers und der resultierenden Fahrzeugbewegung sowie der Bestimmung querdynamischer Reifencharakteristika am Reifenprüfstand entstand so eine breite und umfängliche Datenbasis. Auch wurde eine Analyse der Subjektivbeurteilung mit einer Bestimmung der Manöver durchgeführt. Die Wirkkette zwischen Fahrer, Fahrzeug und Reifen wurde untersucht und Zusammenhänge erarbeitet. Ein Werkzeug zur Prognose der subjektiven Bewertung auf Basis von Fahrzeugmessdaten wurde erstellt und kann zur Unterstützung der Reifenentwicklung eingesetzt werden.

Abstract

Objective evaluation of lateral tire properties in full vehicle tests

Tire properties show significant impact on the driving behavior of a modern passenger car. Therefore today tires are being optimized in their driving function and adapted to the vehicle in close cooperation by vehicle and tire manufacturers. This optimization process is supported by test engineers of the vehicle manufacturer in terms of subjective evaluation of the tire's driving function. A number of criteria on its functional performance with vehicle manufacturer specific content need to be evaluated. Despite standardized test procedures the resultant evaluation depends on the test engineer's personality and their interpretation of development objectives.

The tire manufacturer develops and presents test tires, which are brought to a satisfactory level of driving behavior in several loops. In addition to the tire's lateral driving properties, further functional goals as acoustics, longitudinal and vertical driving dynamics, rolling resistance, run flat properties, and more have to be achieved.

The demands for shorter development cycles and an increasing number of vehicle derivatives to be developed, and accordingly tire sizes and types, are to be met. Furthermore cost pressure increases, the number of prototype vehicles is continuously reduced and there is a shift to virtual assemblies.

To meet these requirements, support of the test drive engineers by a tire test system based pre-selection, with help of a virtual evaluation method, becomes necessary. Also a simulator based subjective evaluation of virtual prototypes is thereby made possible. To achieve these specified targets, objective vehicle handling parameters that describe the perceived driving behavior must initially be determined. These parameters quantify the relation between objective vehicle behavior and subjective evaluation.

For this analysis the tire development process at BMW AG was accompanied over three years. For various vehicle projects and a large number of prototype tires, a subjective evaluation of handling performance was performed by test engineers. In combination with a parallel conducted recording of the driver's steering and control operations and the resulting objective vehicle behavior as well as the determination of lateral tire characteristics using a tire test system, an extensive data base was created. An analysis of the subjective evaluation and the used maneuvers was performed. The root cause between driver, vehicle and tire characteristics has been examined and relations are worked out. A tool to predict subjective evaluation results, based on vehicle test data, was developed and is ready to support the tire development process.

Danksagung

Diese Arbeit entstand im Rahmen meiner Tätigkeit als Mitarbeiter der BMW Group im Bereich Entwicklung Fahrwerk.

Herrn Professor Dr. rer. nat. Frank Gauterin danke ich für die wissenschaftliche Förderung, die kritische Durchsicht des Manuskriptes und für die Übernahme des Hauptreferates.

Für die vorhandene Diskussionsbereitschaft und die Übernahme des Koreferates gebührt mein besonderer Dank Herrn Professor Dr.-Ing. Dr.-Ing. E. h. Hans-Hermann Braess. Frau Professor Dr.-Ing. Barbara Deml danke ich für die Durchsicht der Arbeit und die Übernahme des Vorsitzes des Prüfungsausschusses.

Herrn Bernd Jordan und Herrn Dr.-Ing. Jens Holtschulze danke ich für die Ermöglichung dieser Arbeit sowie das Interesse am Thema. Für die Unterstützung im Fahrversuch gilt mein besonderer Dank Herrn Christian Vogt und den Kollegen der Abteilung Räder/Reifen der BMW Group.

Insbesondere möchte ich mich auch bei den Studenten bedanken, die im Rahmen ihrer Diplom- und Masterarbeiten mit viel Einsatz und Mühe unterstützt haben.

München, im Dezember 2013   *David Gutjahr*

Inhaltsverzeichnis

1. Einleitung

Zweifelsohne spielt der Reifen eine Hauptrolle, wenn es um den Einfluss einzelner Fahrwerksbaugruppen auf das Handling von Personenkraftwagen geht (z. B. [Bra00]). Sämtliche Kräfte bei Interaktion zwischen Fahrzeug und Fahrbahn werden über den Reifen übertragen. Das querdynamische Verhalten eines PKW, mit Längseinfluss im Manöver Lastwechsel, wird damit stark von den mechanischen Eigenschaften des Reifens beeinflusst. Daher werden für jedes neue Fahrzeugprojekt Reifen auf ihre optimale, für das jeweilige Fahrzeug angestrebte Fahrfunktion entwickelt. Diese Funktionsentwicklung wird bis heute in Form von Subjektivbeurteilungen in mehreren Schleifen durch Experten im Fahrversuch durchgeführt. Im Weiteren wird der Rahmen und die Zielsetzung dieser Arbeit kurz erläutert.

Die Nutzung eines dynamischen Fahrsimulators wie in [Rei92] vorgeschlagen oder in [Sta97] [Reg13] genutzt, konnte bis heute nicht den subjektiven Fahrversuch im Entwicklungsprozess verdrängen. Um den Anforderungen nach kürzeren Entwicklungszyklen und Kostensenkung Rechnung zu tragen, wächst jedoch die Forderung nach virtuellen Methoden zur Unterstützung der fahrversuchsseitigen Reifenentwicklung. In diesem Kontext wird eine Methode zur virtuellen Reifenbewertung realisiert und in einem Werkzeug umgesetzt, das als produktives Hilfsmittel in der Reifenfunktionsentwicklung unterstützend eingesetzt werden kann. Die Zusammenhänge zwischen subjektivem Empfinden des Beurteilers und objektiv messbaren Größen des Fahrer- und Fahrzeugverhaltens stellen dabei den zentralen Arbeitspunkt dar. Verknüpfungen zwischen Subjektivurteil und objektiven Kenngrößen, die bereits in vorangegangenen Untersuchungen für ein Beurteilungskriterium als relevant eingestuft wurden, müssen verifiziert und gewichtet werden. Simulationsumgebung und Reifenmessprozeduren sind für die virtuelle Reifenbewertung zu erweitern und zu optimieren. Darüber hinaus wird über die konkrete Beschreibung der Wirkzusammenhänge zwischen Reifencharakteristika und subjektiver Beurteilung des Fahrverhaltens das Wirkkettenverständnis gestärkt [Gut10].

Die Reifenentwicklung für ein Fahrzeugprojekt läuft üblicherweise in mehreren Schleifen in Kooperation zwischen Fahrzeug- und Reifenhersteller ab. Ist ein Reifen in einer festgelegten Dimension zur Freigabe zu bringen, so wird ein Reifenprototyp durch den Reifenhersteller entsprechend eines Lastenhefts entwickelt und vorgestellt. Dieser muss in Folge von einem Versuchsingenieur unter verschiedenen Gesichtspunkten auf seine Funktion subjektiv beurteilt und an den Zielen gemessen werden. In Absprache mit dem Versuchsingenieur entwickelt der Reifenhersteller weitere, verbesserte Versionen, die zur erneuten Begutachtung vorgestellt werden. Dieser Vorgang wird in der Reifenentwicklung für eine Dimension eines Herstellers, teils in mehreren Schleifen, wiederholt. Liegt die Beurteilung in sämtlichen Kriterien auf akzeptablem Niveau, so kann der Reifen in seiner Funktion freigegeben werden.

Eine Reifenbeurteilung zunächst auf Messdatenbasis, später virtuell, kann diesen Prozess auf verschiedene Weisen unterstützen. Statt eine Fahrt zur subjektiven Beurteilung für jeden vorgestellten Reifen durchzuführen, vereinfacht eine objektive Reifenbeurteilung den Entwicklungsprozess. Kosten können so reduziert sowie die Effizienz gesteigert werden.

Auch die Anzahl der Erprobungen auf kostenintensiven Versuchsträgern für Reifenerprobungen werden dabei reduziert. Die Reifenentwicklung wird so beschleunigt und kann an verschiedenen Fahrzeugderivaten überprüft werden. Dabei sind ausschließlich die bereits vorselektierten, virtuell als funktional ausreichend bewerteten Reifen im nachfolgenden Fahrversuch subjektiv zu beurteilen.

Obwohl bereits seit Jahrzehnten an der objektiven Beschreibung der Fahrdynamik gearbeitet wird [Rön77] [Zom98], liegen die Zusammenhänge zwischen Subjektivbewertung und objektiv messbaren Fahrdynamikgrößen weder vollständig, noch anwendbar in hinreichender Güte vor. Ein Grund hierfür ist die subjektive Gefallensbewertung, die an eine Erwartung an den zu erreichenden Zielcharakter des Fahrzeug geknüpft ist. In Abschnitt 2 werden richtungsweisende Arbeiten zum Subjektiv-Objektiv-Zusammenhang zusammenfassend dargestellt.

Nach [Dec09] sind zwei fundamentale Probleme zu lösen:

- Überführung von weich formulierten, subjektiv erlebten Fahrdynamikphänomenen in physikalische Definitionen und

- Quantifizierung der Beziehung zwischen Kennwerten und korrespondierender Subjektivbeurteilung.

Durch die Erarbeitung der Methode wird zusätzlich das Wirkkettenverständnis gestärkt, das vielfältig anwendbar ist. Verknüpfungen zwischen Eigenschaften des Reifens und dem Fahrzeugverhalten sowie zwischen dem Fahrzeugverhalten und der Fahrerempfindung des Beurteilers können weiter ausgearbeitet werden. Bewertungen zur Funktion eines Reifens sollen dabei in drei Schritten entstehen. Zunächst werden charakteristische Kennwerte des vorgestellten Reifens auf dem Flachbahnreifenprüfstand ermittelt. Mit Hilfe der Gesamtfahrzeugsimulation können dann objektive Fahrzeugkenngrößen erzeugt werden. In einem dritten Schritt ist, ausgehend von der Kenntnis des Zusammenhangs zwischen objektiven Fahrzeugkenngrößen und subjektiver Beurteilung, im Fahrversuch eine objektive Bewertung des Reifens abzuleiten. Wird ein Reifen als funktional ausreichend bewertet, schließt sich eine Erprobungsfahrt mit subjektiver Beurteilung an.

Die Arbeiten zur Erzielung dessen können in zwei Hauptarbeitsgebiete unterteilt werden. Zum einen die Methodenentwicklung, welche die Findung der fundamentalen Zusammenhänge zwischen Reifeneigenschaft und Handling beinhaltet, und zum anderen das Werkzeug, das in Folge produktiv im Reifenentwicklungsprozess eingesetzt werden kann.

Die Methode zur Objektivierung, wie in Bild 1.1 dargestellt, kann in mehrere Teilschritte unterteilt werden. Zunächst ist das Vorgehen bei der Subjektivbeurteilung zu systematisieren. Ersatzmanöver, also definierte Manöver, welche eine reale Fahrsituation abbilden, sind zu definieren und objektive Kenngrößen zu formulieren bzw. aus Messdaten des Fahrversuchs zu extrahieren. Schließlich ist der Zusammenhang, indirekt in Form von Zielbereichen und direkt in Form von z. B. linearen Regressionsmodellen, zu bestimmen.

Zur subjektiven Beurteilung der Fahrfunktion eines Reifens wird dieser im Fahrversuch gefahren und subjektiv durch einen Versuchsingenieur auf seine Funktion in mehreren Kriterien beurteilt. Dabei erfolgt eine Beurteilung stets im Vergleich zu einem zuvor gefahrenen Referenzreifen. So werden also durchwegs Relativaussagen getroffen. Eine Absolutbeurteilung, ohne Fahren des Referenzreifensatzes, ist für die Serienreifenentwicklung nicht üblich und wird nur in Ausnahmefällen durchgeführt. Kriterien sind zum Komfort, zur Kurvenfahrt, zum Geradeauslauf sowie zu den Lenkeigenschaften definiert. Die Beurteilung der Kriterien erfolgt durch die subjektive Bewertung bei definierten Manövern und Fahrgeschwindigkeiten sowie über einen Gesamteindruck. Bei den meisten Kriterien sind Informationen über die Funktion jeweils in einem oder wenigen Ersatzmanövern enthalten. Besonders drei Faktoren machen die Beurteilung durch Experten notwendig, denn ein ausgebildeter Versuchsingenieur des Fahrversuchs

- kann die Beurteilungskriterien stärker trennen (Ersatzmanöver tragen hier zusätzlich bei, auch hat der Versuchsingenieur ein ausgeprägtes Urteilsvermögen),

- kann Fahrzeugreaktionen innerhalb eines Ersatzmanövers auflösen, dies ist Voraussetzung für die Vergleichbarkeit, und

- erreicht hohe Reproduzierbarkeit mit geringer Fahrervarianz.

Für die Objektivierung sind für jedes Beurteilungskriterium ein oder mehrere Ersatzmanöver zu identifizieren, bei welchen die subjektiv beurteilten Eigenschaften auftreten und gleichzeitig messbar sind. Essentiell für eine Objektivierung ist daher die systematische Analyse des Vorgehens bei der subjektiven Beurteilung. Einflussgrößen, also relevante objektive Fahrdynamikkenngrößen, sind zu identifizieren und gewünschte Merkmale zu definieren.

Objektive Kenngrößen, aus Fahreraktions- und Fahrzeugreaktionsgrößen abgeleitete Werte, quantifizieren das Fahrverhalten und charakterisieren damit das System Fahrzeug. Diese sind bspw. Maximalwerte, Steigungen, Phasendifferenzen, wie sie aus Fahrzeugzustandssignalen der Messung oder aus der Gesamtfahrzeugsimulation gewonnen werden können. Sowohl Signale im Zeit-, als auch im Frequenzbereich sind dabei heranzuziehen.

Eine Problematik liegt in der Anzahl der objektiven Kenngrößen, die potentiell Einfluss auf das Beurteilungskriterium haben. Aus der Analyse der Subjektivbeurteilung ist u. U. nicht eindeutig zu ermitteln, ob eine objektive Kenngröße auf ein Beurteilungskriterium Einfluss hat und daher zu berücksichtigen ist. Jedoch kann über verschiedene Wege die Anzahl der potentiell relevanten Parameter reduziert werden.

Die Beschreibung des Zusammenhangs von objektiven Kenngrößen auf die Subjektivbeurteilung stellt den nächsten Schritt der Objektivierung dar. Sobald der Zusammenhang bekannt ist, lässt ich für jeden Satz objektiver Kenngrößen, innerhalb der gesetzten Grenzen, ein synthetisches Subjektivurteil ableiten. Die Erweiterung gegenüber der Bestimmung von Zielbereichen, also von Wertebereichen objektiver Größen für ein positiv empfundenes Fahrverhalten, besteht in der Gewichtung relevanter objektiver Kenngrößen. Die Ermittlung des statistischen Zusammenhangs zwischen objektiven Parametern und subjektiver Beurteilung kann in Form eines Regressionsmodells realisiert werden.

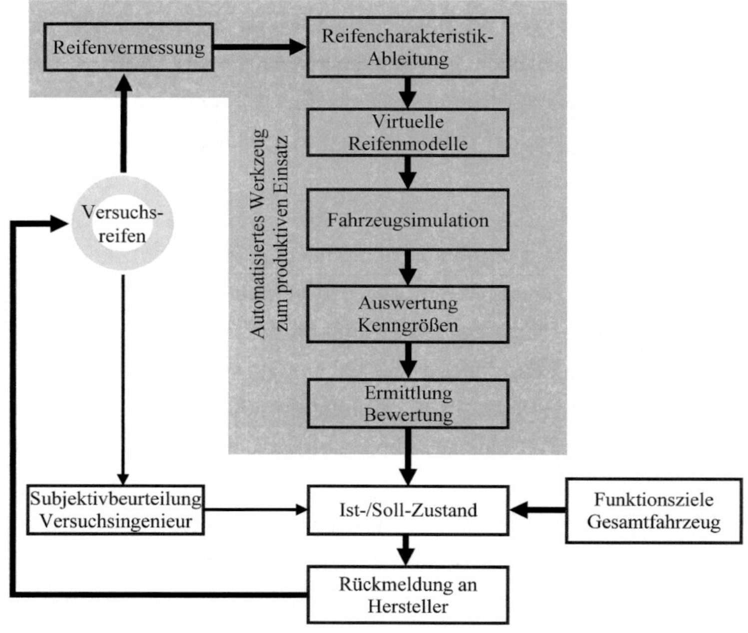

Bild 1.1.: Ablauf der Objektivierung (Querdynamik)

Das Modell stellt einen statistischen Zusammenhang zwischen Eingabe- und Ausgabevariablen mit Hilfe eines Satzes an Gleichungen, deren Koeffizienten zu identifizieren sind, her. Die Variablen repräsentieren dabei Eigenschaften des Systems, z. B. Messdaten als Eingangsvariablen und die Subjektivbeurteilung als Ausgangsvariable. Das erstellte Modell besteht dann aus einem Satz an Funktionen, die das Verhältnis zwischen Ein- und Ausgangsvariablen beschreiben (vgl. Bild 1.1).

Voraussetzungen dafür sind:

- unabhängige objektive Parameter als Eingangsvariablen,

- Variablen, für welche Zielbereiche zu ermitteln sind, und

- die Anzahl der Messungen muss für die Anzahl der im Modell enthaltenen objektiven Parameter ausreichend sein.

Besonders die große Anzahl an Messungen verschiedener Reifen im Fahrversuch und damit die Schaffung einer breiten Datenbasis ermöglichen eine Ermittlung des Zusammenhangs subjektiv-objektiv mit ausreichender Präzision. Wird ein Regressionsmodell erstellt, bzw. ein Zusammenhang zwischen objektiven Kenngrößen und Subjektivurteil gefunden, ist eine Validierung notwendig, um sicherzustellen, dass kein zufälliger Zusammenhang erfasst wurde. In Bezug auf die Subjektivbeurteilung muss ein identifizierter Objektivwert einen signifikanten und auch sachlogischen Zusammenhang aufweisen.

Als finale Stufe der Objektivierung ist das ganzheitliche Verständnis der physikalischen Wirkkette als Beschreibung des Gesamtfahrzeugverhaltens einschließlich Fahrer und Reifeneigenschaften als Bestandteile. Die Wirkkette stellt einen kausalen Zusammenhang zwischen Reifeneigenschaften und Fahrverhalten her und ist umfassend zu verstehen. Sie gibt Aufschluss darüber, welche Reifenparameter Einfluss auf ein Funktionskriterium haben und quantifiziert diese.

Ist die Wirkkette bekannt, so wird es möglich, innerhalb der physikalischen Grenzen gezielt ein definiertes Verhalten anhand der Reifenparameter einzustellen. Die Verknüpfung zwischen Reifeneigenschaften und Subjektivurteil in den einzelnen Kriterien ermöglicht eine Vorauswahl von Reifen anhand gängiger Fahrdynamikkriterien. Auf Basis von Reifenmessungen am Flachbahnprüfstand kann nun die Funktion des Reifens am Fahrzeug objektiv bewertet werden. Dazu sind die Anforderungen an Reifenmessprozeduren sowie Gesamtfahrzeugsimulation für die Reifenbewertung zu bestimmen und diese ggf. zu erweitern und zu optimieren. Besonders die spezifische Anpassung der Simulationsumgebung muss dabei manöverbezogen erfolgen. Auf das Fahrverhalten relevante Einflüsse, wie z. B. die Temperatur des Reifens auf dessen Eigenschaften, sind in den Prozess der Reifenbewertung zu integrieren. Denn bereits eine um ca. 9 °C geringere Reifentemperatur kann eine ca. 8 % höhere Schräglaufsteifigkeit zur Folge haben (vgl. Abschnitt 5). Entsprechend Bild 1.1 läuft dann die virtuelle Reifenbeurteilung ab. Nicht mehr jeder Versuchsreifen muss im Fahrversuch beurteilt werden. Eine Vorauswahl unter Gesichtspunkten der Fahrfunktion kann virtuell erfolgen.

2. Stand der Wissenschaft und der Technik

Seit Jahrzehnten ist die objektive Bewertung von Handlingeigenschaften, also der fahrdynamischen Reaktion eines Fahrzeugs auf eine Fahrereingabe, Gegenstand der Forschung. Zahlreiche Untersuchungen zum Thema objektive Beschreibung des Fahrverhaltens sind bereits mit unterschiedlichstem Fokus durchgeführt worden. Insbesondere zu den Themengebieten Geradeauslauf, Lenkeigenschaften und Kurvenverhalten wurden umfassende Arbeiten erstellt. Auf einige wichtige Untersuchungen soll hier im Folgenden eingegangen werden. Die Wahrnehmung des Menschen beim Führen eines Fahrzeug und bei der Subjektivbeurteilung wird in Abschnitt 3 diskutiert.

Bereits Bergman [Ber73] bringt im Jahr 1973 subjektive Fahreigenschaften mit objektiv messbaren Gesamtfahrzeuggrößen in Verbindung. So wird aus einer Untersuchung mit vier Fahrzeugvarianten geschlussfolgert, dass bei positiv empfundenem Fahrverhalten der Schwimmwinkelaufbau unverzögert erfolgt.

Weir und DiMarco [Wei78] fassten in Ihrer Publikation Ergebnisse mehrerer, durch die NHTSA[1] unterstützter Studien zusammen, die das Thema der objektiven Bewertung von Handlingeigenschaften verfolgen. Eine Verknüpfung von kennzeichnenden objektiven Größen eines Fahrzeugs mit subjektiven Bewertungsdaten wird darin vorgenommen. So sind Weir und DiMarco zufolge Handlingeigenschaften zum Großteil durch das dynami-

---

[1]National Highway Traffic Safety Administration ist eine US-Bundesbehörde für Straßen- und Fahrzeugsicherheit

sche Antwortverhalten des Fahrzeugs gekennzeichnet. Diese Handlingeigenschaften müssen mit unabhängigen Variablen beschrieben und quantifiziert werden.

Auf Basis der Gierübertragungsfunktion des Einspurmodells werden charakteristische Werte definiert, die das querdynamische Fahrzeugverhalten
unabhängig beschreiben. So ist das Fahrzeug vereinfacht als Übertragungs-
glied mit PT1-Verhalten dargestellt. Die Gierübertragungsfunktion ist dann
durch zwei Kenngrößen, einer stationären Gierverstärkung und einer äqui-
valenten Verzögerungszeit, beschreibbar.

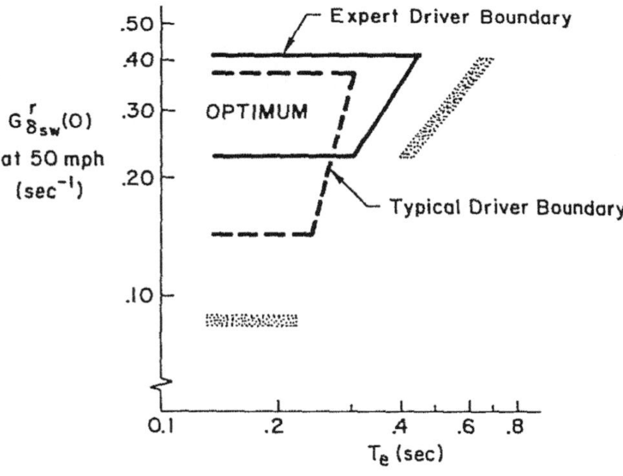

Bild 2.1.: Weir-DiMarco-Diagramm [Wei78]

Diese Kenngrößen werden im Versuch bestimmt und mit dem subjektiven Gefallen in Zusammenhang gebracht. Es werden dabei sowohl open-
als auch closed-loop Manöver untersucht. Ebenso sind Expertenfahrer als
auch Normalfahrer in die Untersuchungen einbezogen, jedoch getrennt ausgewertet. Die Ergebnisse, basierend auf insgesamt 37 verschiedenen Fahr-
zeugkonfigurationen, zeigen, dass für ein positiv empfundenes Fahrverhal-

ten der Zeitverzug der Giergeschwindigkeit bzw. die äquivalente Verzögerungszeit einen Wert nicht überschreiten soll (vgl. Bild 2.1). Der Wert der
Gierverstärkung soll in einem definierten Bereich liegen und hängt vom
Zeitverzug ab. So darf die Gierverstärkung geringer sein, wenn der Zeitverzug klein ist.

In der Publikation von Strange [Str82] geht es ebenfalls um die objektive Bewertung von Handlingeigenschaften des Fahrzeugs. Dabei werden,
zur Variation der Fahrdynamik, Reifen mit unterschiedlichen Eigenschaften herangezogen.
Als Manöver kamen Lenkwinkelsprünge (vgl. Bild 2.2) sowie Lenkungszuziehen (quasi-stationär) bei 80 km/h zum Einsatz. Dabei werden die Fahrgeschwindigkeit, der Lenkradwinkel und die Querbeschleunigung gemessen und aufgezeichnet sowie die Lenkempfindlichkeit, das Nachdrängen
des Fahrzeughecks, also die Übersteuertendenz, und die Untersteuertendenz subjektiv beurteilt.
Objektive Kenngrößen zur Beschreibung des subjektiven Fahreindrucks
sind genannt, jedoch wird keine direkte Korrelation, unter dem Hinweis,
dass weitere Kenngrößen Einfluss auf das Subjektivurteil haben können,
hergestellt. So wird aufgezeigt, dass bei geringerer Dämpfung ein stärkeres
Überschwingen die Folge ist, was auch subjektiv als schlechtere Stabilität
beurteilt wird. Die Lenkempfindlichkeit als Quotient aus Querbeschleunigung und Lenkradwinkel bei unter 0,3 g Querbeschleunigung wird genannt,
jedoch kein weiterer Bezug zu den Messdaten hergestellt.

Kudritzki führt in [Kud89] Untersuchungen mit einem Fahrzeug bei Variation der Fahreigenschaften mittels gelenkter Hinterachse durch. Dabei
wird der Hinterachslenkwinkel jeweils an eine Fahrzeugbewegungsgröße
gekoppelt und damit die Reaktion des Fahrzeugs verändert. Durch Berechnung von Einspurmodellgleichungen kann aufgezeigt werden, wie sich diese Modifikationen auf die Fahrzeugbewegungsgrößen auswirken.

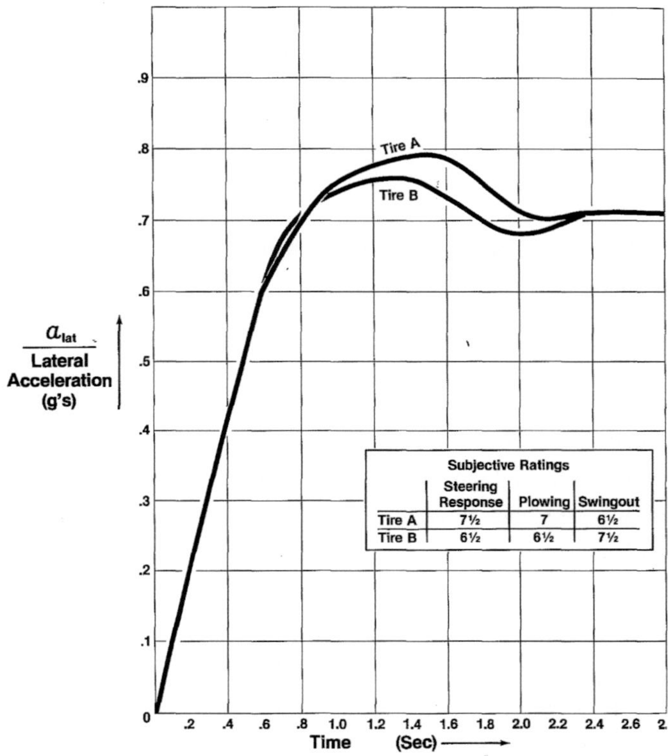

Bild 2.2.: Ergebnisse des Lenkwinkelsprungs aus [Str82]

Manöver, wie doppelter Spurwechsel, Geradeausfahrt und Fahrt auf der Landstraße, werden bei definierten Fahrgeschwindigkeiten durchgeführt und die Konfigurationen subjektiv beurteilt sowie die Fahrzeugbewegung messtechnisch erfasst. Dabei ist eine hohe Korrelation der Subjektivbeurteilung des doppelten Spurwechsel sowie der Fahrt auf der Landstraße aufgefallen. Nach Kudritzki ist also die Bewertung des doppelten Spurwechsels repräsentativ für die Fahreigenschaften bei Landstraßenfahrt.

Als für die subjektive Beurteilung relevante objektive Kenngrößen sind insbesondere die Gierbeschleunigung, der Lenkwinkel sowie die Querbeschleunigung genannt. So ist die Korrelation der Gierbeschleunigung mit dem Subjektivurteil am stärksten ausgeprägt, insbesondere das Gierbeschleunigungsmaximum muss nach Kudritzki für eine positive Bewertung gering sein. Ebenso korrelieren die Fläche unter der Gierbeschleunigung und die Fläche unter dem Lenkwinkel über der Zeit mit dem Subjektivurteil des schnellen Spurwechsels. Weiterhin wird festgestellt, dass je stärker die Fahrzeugreaktion ausfällt, desto schlechter wird das Fahrverhalten bezogen auf den doppelten Spurwechsel bewertet. Begründet wird dies mit dem Wunsch nach guter Dosierbarkeit der Fahrzeugreaktion mittels Lenkwinkel. Bei Geradeausfahrt hingegen besteht die Forderung nach geringem Lenkaufwand für eine positive Beurteilung des Fahrverhaltens. Bei niedrigdynamischen Manövern wird ein Optimum bei der Höhe der Fahrzeugreaktion vermutet, also keine zu schwache sowie zu starke Rückmeldung auf die Lenkwinkeleingabe durch den Fahrer für eine positive subjektive Beurteilung, und auf Erkenntnisse weiterer Untersuchungen verwiesen.

Die Veröffentlichung von Farrer [Far93] basiert auf einer Untersuchung der MIRA[2] und enthält Ergebnisse zum Geradeauslaufverhalten und Anlenken aus der Mitte. Ausgangspunkt ist die Annahme, dass das On-Center-Handling, also das Fahrverhalten im niedrigdynamischen, linearen Bereich mit keinen oder geringen Lenkwinkeln, in drei Aspekte gegliedert werden kann. Diese sind der Lenkaufwand, also wie hoch die erforderliche Lenkaktivität durch den Fahrer für ein Fahrmanöver ist, das Lenkgefühl, also der Informationsrückfluss über das Lenkrad an den Fahrer, und die Fahrzeugreaktion, also wie präzise das Fahrzeug auf die Fahrereingabe reagiert. Sie können nach Ansicht des Autors in drei Manövern subjektiv beurteilt sowie messtechnisch erfasst werden. Die Manöver umfassen eine Geradeausfahrt mit Regelung auf den Straßenverlauf, ein Sinuslenken (Weave-Test) mit

---

[2]Motor Industry Research Association - eine britische Automobilforschungsgesellschaft

einer Amplitude von 0,1 g Querbeschleunigung und 0,2 Hz sowie einem Anlenken aus Geradeausfahrt, d. h. konstantes Eindrehen des Lenkrades bis vorgegebene Werte für das Lenkmoment sowie die Giergeschwindigkeit erreicht werden. Die Manöver werden auf einer zweispurigen, geraden Fahrbahn mit insgesamt 6 Experten und Normalfahrern bei 100 km/h ausgeführt.

Zum Einsatz kommen zwei unterschiedliche Fahrzeuge, welche für die Versuche modifiziert werden, um Geradeauslauf sowie On-Center-Handling zu variieren. Insgesamt werden 19 Varianten von den Probanden subjektiv beurteilt. Der Zusammenhang zwischen Art der Fahrzeugmodifikationen und Fahrverhalten wird dabei nicht untersucht.

Die Beurteilung der Varianten werden mit Fragebögen in 15 Fragen zum On-Center- Handling durchgeführt. Bewertungsgegenstand ist das Empfinden von Fahrzeugkenngrößen auf einer Skala von eins bis zehn. Die Mitte der Skala wird als neutral, eins als sehr gering und zehn als sehr stark definiert. Des Weiteren kann der Proband zusätzlich das persönliche Gefallen angeben. Die Messungen erfolgen durch im Fahrzeug verbaute Messtechnik. Es werden die Größen Lenkwinkel, Lenkmoment, Giergeschwindigkeit und Gierbeschleunigung aufgezeichnet und daraus mehrere objektive Parameter abgeleitet.

Die präsentierten Ergebnisse zeigen, dass neun objektive Kenngrößen mit dem Subjektivurteil hoch korrelieren. Ein ausgeprägter Zusammenhang besteht zwischen dem Lenkaufwand und dem Lenkwinkel sowie der Lenkwinkelgeschwindigkeit. Die Lenkreibung, das Lenkmoment-Totband, das Übergangsverhalten des Lenkmoments und die Lenksteifigkeit korrelieren mit dem Subjektivurteil für das Lenkgefühl. Für die Fahrzeugantwort korrelieren das Totband der Giergeschwindigkeit, das Übergangsverhalten der Giergeschwindigkeit sowie der Zeitverzug der Giergeschwindigkeit mit dem Subjektivurteil. Dabei sind die Kenngrößen zum Teil untereinander korreliert.

Es wird angemerkt, dass im Bezug auf das Geradeauslaufverhalten Abweichungen im Fahrzeugkurs subjektiv stärker in die Beurteilung eingehen, als ein Querversatz des Fahrzeugs. Dem Autor zufolge hängt dies jedoch von der Lenkstrategie, d. h. von dem Maß des vorausschauenden Fahrens ab. Eine kurze Sichtweite verlangt höhere Konzentration und mehr Lenkarbeit. Bei größerer Voraussicht entspannt sich die Kontrollschleife und der Lenkaufwand sowie die benötigte Konzentration verringern sich.

Stamer [Sta97] untersucht anhand von Versuchen an einem dynamischen Fahrsimulator unter anderem die Manöver doppelter Spurwechsel sowie Landstraßenfahrt. Dabei steht das unter Variation der Bewegungsgrößen subjektiv als optimal empfundene Fahrverhalten im Fokus. So wird mit der Variation von Zeitkonstanten und Verstärkungen der Übertragungsfunktionen zwischen Lenkwinkel und Fahrzeugbewegung gearbeitet, wobei angemerkt wird, dass Variationen auftreten können, wie sie nicht in einem Realfahrzeug möglich sind. Die subjektive Beurteilung der Varianten erfolgte durch über 100 Normalfahrer. Anschließend zeigt Stamer, wie in den behandelten Manövern das optimale Fahrverhalten durch eine Hinterachslenkung zu erzielen ist.

Dem Autor zufolge ist für die Empfindung des Fahrverhaltens insbesondere der Zeitverzug zwischen Giergeschwindigkeit und Querbeschleunigung relevant. Dieser Wert muss für ein positiv empfundenes Fahrverhalten niedrig sein. Ebenso sollen die Ansprechwerte der Giergeschwindigkeit und Querbeschleunigung möglichst gering sein. Auch werden eine konstante Verstärkung der Gierreaktion, d. h. eine proportional zur Lenkeingabe ansteigende Giergeschwindigkeit, und eine geschwindigkeitsproportionale Querbeschleunigungsverstärkung durch die Probanden positiv beurteilt.

Riedel und Arbinger [Rie00] [Rie97] entwickeln in ihren Untersuchungen in einer interdisziplinären Arbeitsgruppe in den Jahren von 1993 bis 1996 einen Subjektivfragebogen und suchten objektive Größen zur Beschreibung des Handlings. Dabei wird ein Fahrzeug in sechs Varianten sowohl von Normalfahrern als auch von Experten im Versuch subjektiv beurteilt sowie dessen Bewegungsgrößen messtechnisch erfasst. Untersucht werden open loop Manöver (stat. Kreisfahrt, Lenkwinkelsprung u. a.) als auch closed loop Manöver (Landstraßenfahrt, doppelter Fahrspurwechsel).

Der Fragebogen wird sehr umfangreich in die Kategorien Lenkung, Fahrbahnkontakt, Stabilität Querdynamik, Stabilität Wankdynamik, Eingewöhnung und Kontrolle unterteilt. Zu jedem Bereich sind zwischen drei und 15 Einzelkriterien definiert, die in vier Stufen zu bewerten sind.

Von allen untersuchten objektiven Kennwerten weisen die Größen Zeitverzug zwischen Lenkwinkel und Giergeschwindigkeit sowie zwischen Lenkwinkel und Querbeschleunigung, Schwimmwinkel und Wankwinkelgeschwindigkeit den stärksten Zusammenhang mit den Subjektivurteilen der Fahrer, insbesondere der professionellen Versuchsfahrer, auf. Dabei wird ein Objektivwert als signifikant betrachtet, wenn der Korrelationskoeffizient 0,29 bei einem Stichprobenumfang von 49 übersteigt.

Gies und Marusic [Gie00] gehen in ihrem Beitrag der Frage nach, welchen Einfluss Lenksystemeigenschaften auf das vom Kunden subjektiv empfundene Fahrverhalten haben. Dabei stellen die Autoren zunächst fest, dass sich die Systemauslegung an den Wahrnehmungs- sowie Reaktionseigenschaften des Fahrers orientieren muss.

Die Interaktion zwischen Fahrer und Fahrzeug wird als Regelkreis betrachtet. Dabei regelt der Fahrer zwischen Soll- und Ist-Größen, hauptsächlich Kurswinkel und Fahrgeschwindigkeit, mit den Stellgliedern Gaspedal, Bremse und Lenkrad. Für ein positiv empfundenes Fahrempfinden ist das Fahrzeug dem Regler, also dem Fahrer, so anzupassen, dass dieser seiner Aufgabe bestmöglich gerecht werden kann. Den Lenkeigenschaften kommt daher besondere Bedeutung zu.

Zur Untersuchung des Zusammenhangs zwischen subjektivem Empfinden und objektiven Kenngrößen werden die vier Fahrsituationen Geradeausfahrt, Kurvenfahrt, Parkieren und Lenkunruhe gewählt. Dabei erfolgt die

Variation der Fahreigenschaften über den Durchmesser des Lenkrades, durch unterschiedliche Lenkunterstützung bzw. Lenksysteme sowie durch Modifikation von Lenksystemparametern.

Die subjektive Beurteilung der Varianten erfolgt dann durch Probanden mittels Fragebogen in closed-loop-Manövern. Getrennt dazu werden Messungen der Fahreigenschaften durchgeführt. Da für viele objektive Testverfahren DIN/ISO Normen vorhanden sind, werden diese genutzt, um das quasistationäre sowie transiente Fahrverhalten messtechnisch zu erfassen. Es werden die Manöver Parkiertest, stationäre Kreisfahrt, Sinuslenken, Frequenztest sowie Anlenken aus der Mitte durchgeführt und aufgezeichnet. Objektive Kennwerte werden daraus abgeleitet und für die Varianten berechnet.

Für statistische Korrelationen zwischen Subjektivurteil des Normalfahrers und objektiven Kenngrößen auf Messdatenbasis wird bemerkt, dass ein Zwischenschritt über das Subjektivurteil des Experten Vorteile bietet. Die Beurteilungstiefe und das physikalische Verständnis seien bei Experten stärker ausgeprägt. Die Korrelationsbildung zwischen Kunde und Experte sowie Experte und objektiven Kenngrößen erleichtert die Analyse der Zusammenhänge.

Die Ergebnisse zeigen eine Verknüpfung für das Lenkgefühl mit dem Lenkmomentanstieg aus dem Manöver Sinuslenken. Ebenfalls aus diesem Versuch wird der Zusammenhang zwischen der Beurteilung der Fahrzeugreaktion und der gemessenen Gierverstärkung hergestellt. Die Urteile, die als Mittelwert in die Korrelationsberechnung eingehen, streuen jedoch zum Teil stark. Auch die Anzahl der Stützstellen ist mit vier Fahrzeugvarianten gering.

Zschocke [Zsc09] richtet in seiner Arbeit den Fokus auf die objektive Bewertung des Lenkverhaltens. Dabei werden objektive Kenngrößen für den Eindruck der Lenkkraft sowie des querdynamischen Fahrverhaltens identifiziert. Das Vorgehen gliedert Zschocke in zwei Teile. Zunächst werden für Fahrzeugvarianten Messungen von Fahrdynamikkenngrößen in Open-Loop-Manövern durchgeführt. Es folgte getrennt eine subjektive Beurteilung unter verschiedenen Fahrbedingungen. Mittels Regression werden anschließend Verknüpfungen zwischen Subjektivurteil und Fahrdynamikgrößen hergestellt. Speziell zu der Empfindung des Lenkmoments wird ein zweiter Ansatz verfolgt, in dem Bauteilvariationen simuliert und durch Variation von Lenkungssystemparametern in einem Versuchsfahrzeug umgesetzt werden.

In die Variation der Fahreigenschaften sind insgesamt zehn Fahrzeuge einbezogen, davon sechs aus der gehobenen Mittelklasse und vier Kompaktvans. Zusätzlich werden Modifikationen an den Fahrwerks- und Lenkungskomponenten vorgenommen. Die mit den Fahrzeugvarianten gefahrenen Manöver umfassen stationäre Kreisfahrt, Sinuslenken, Parkieren, Lenkungszuziehen, Lenkwinkelsprung, Frequenzsweep und ähnliche bei unterschiedlichen Fahrgeschwindigkeiten sowie Lenkfrequenzen, - amplituden oder -geschwindigkeiten. Zu jedem Manöver werden verschiedene Kenngrößen definiert und ausgewertet.

Die Ergebnisse der Subjektivbeurteilung, welche durch insgesamt 17 Experten und fünf Normalfahrer erfolgte, in den vier Verkehrssituationen Parkieren, Fahrt in verkehrsberuhigter Zone, Fahrt auf Autobahngerade sowie Landstraßenfahrt, basieren auf Fragen zum Gefallen sowie zum Niveau von Fahrdynamikgrößen.

Um eine Verknüpfung zwischen dem subjektiven Fahreindruck und Kenngrößen der Messung herzustellen werden die Datenumfänge statistisch analysiert und Korrelationen hergestellt. Nach Einzelkorrelationen zwischen Subjektiv und Objektiv folgt die Verknüpfung mittels multipler Korrelation, die ab einem Korrelationswert von $r = 0{,}7$ als hinreichend hoch angesehen wird, um einen eindeutigen Zusammenhang zu vermuten. Als Problem wird genannt, dass die Subjektivbeurteilungen stark schwanken, im Mittel jedoch einen starken statistischen Zusammenhang zu den objektiven Kenngrößen aufweisen. Bis zu sechs objektive Kenngrößen beschreiben dabei

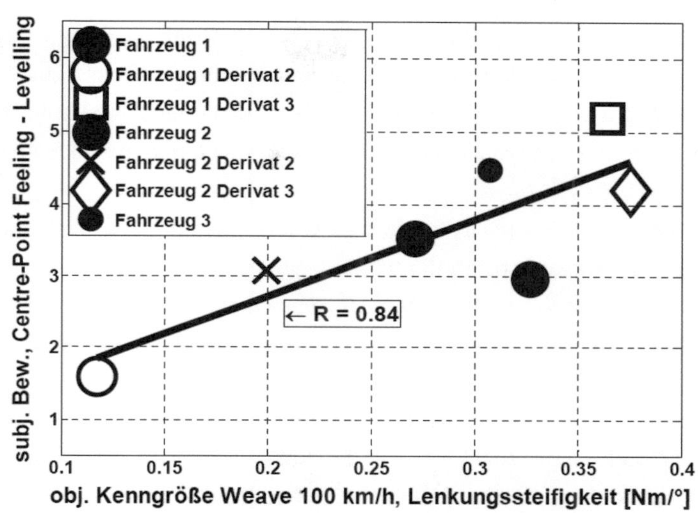

Bild 2.3.: Subjektiv-Objektiv-Regression aus [Zsc09]

ein subjektiv beurteiltes Kriterium. Hohe korrigierte Korrelationswerte ergaben sich bei der multiplen Korrelation für die Kriterien Lenkungsrücklauf, also den Restlenkwinkel nach einer Kurvenfahrt, Lenkungsreibung, Lenkpräzision, also den Anstieg der Giergeschwindigkeit über den Lenkwinkel, und Lenkmomentenverlauf und Mittenzentrierung, d. h. den Anstieg des Lenkmoments bei Lenken aus der Nulllage, sowie Eigenlenkverhalten.

Zschocke stellt in seiner Arbeit das Empfinden des Lenkmoments in den Vordergrund. Nicht nur die Bewertung von Varianten, auch das Gefallen vieler Fahreigenschaftsaspekte wird berücksichtigt. Speziell Kenngrößen aus Lenkmoment- Hystereseschleifen, wie Steigung und Breite der Schleife, werden in Zusammenhang mit dem Subjektivurteil gestellt. Dies gelingt unter anderem insbesondere für die Manöver Spurwechsel und Geradeausfahrt. Nicht weiter vertiefend wird auf das Zeitverhalten sowie die Linearität der Fahrzeugreaktion eingegangen. Auch mögliche Ursachen der mittels multipler Korrelation gefundenen statistischen Zusammenhänge werden nicht weiter behandelt. Ein kausaler Zusammenhang wird nicht abgeleitet. Des Weiteren bleibt offen, ob die direkte Schätzung und subjektive Beurteilung von Messgrößen auch das kundenrelevante Urteil abbilden können.

Kraft [Kra10] thematisiert in seiner Arbeit ebenfalls die Verknüpfung subjektiver Fahrwerksbeurteilungen mit messtechnisch erfassten, objektiven Bewegungsgrößen. U. a. werden das Wank-, Gier-, Eigenlenk und Schwimmverhalten und deren Auswirkung auf das Subjektivurteil untersucht.

Die Variation des Fahrverhaltens erfolgt durch Linearaktuatoren zwischen Rad und Karosserie, sowie variable Lenkübersetzung an der Vorderachse und Spuränderung an der Hinterachse. Beurteilt wird durch ein Experten- sowie ein Normalfahrerkollektiv in Form einer Niveau- und einer Gefallensbewertung. Jeweils werden nach Prüfung des Zusammenhangs zwischen Niveau und Gefallen lineare Regressionsmodelle zw. Subjektivurteilen und Objektivwerten erstellt und Zielbereiche für ausgewiesen.

Im Bezug auf die subjektive Empfindung des Wankverhaltens besteht nach [Kra10] kein Einfluss des Zeitverzugs zwischen Lenk- und Wankwinkel auf das Subjektivurteil. Auch wird festgestellt, dass Wank- und Gierreaktion nahezu unabhängig voneinander beurteilt werden und die Wankreaktion als Komfortgröße zu sehen ist. Im Bezug auf das Schwimmverhalten wird ein Zusammenhang zwischen subjektiv empfundener Stabilität und dem Schwimmwinkelgradient identifiziert. Durch einen geringeren Schwimmwinkelgradient nimmt der Fahrer eine höhere Stabilität des Fahrzeugs wahr.

Auch Schimmel [Sch10] beschäftigt sich in seiner Arbeit mit dem Einfluss objektiver Größen auf die Beschreibung des Fahrverhaltens im niedrigdynamischen Bereich. Dabei basieren die Ergebnisse auf fünf verschiedenen Fahrzeugen. Fahrzeugvarianten werden in Simulation und Versuch in den Manövern Sinuslenken, mit fester und gleitender Frequenz, und

Subjektiv-kriterium	Manöver	Fahrzeugsignale	Kennwert	Einfluss
Lenkradmoment Mitte	Weave-Test	Lenkradmoment über Lenkradwinkel	Lenkungssteifigkeit	o
		Querbeschleunigung über Lenkradwinkel	Lenkungsempfindlichkeit	+
Lenkradmoment Anlenken	Frequenzgang	Lenkradmoment zu Lenkradwinkel	Phasenwinkel bei 0,7 Hz	+
			Phasenwinkel bei 1,0 Hz	+
			Lenkungssteifigkeit bei 0,4 Hz	+
			Lenkungssteifigkeit bei 0,7 Hz	+
Lenkradmoment Kurvenfahrt	Closed-Loop	-	Proportionalverstärkung nah	+
Mittengefühl	Weave-Test	Lenkradmoment über Lenkradwinkel	Lenkungssteifigkeit	o
		Querbeschleunigung über Lenkradwinkel	Lenkungsempfindlichkeit	+
	Frequenzgang	Lenkradmoment zu Lenkradwinkel	Frequenz des Phasenminimums	++
Lenkungs-präzision	Weave-Test	Lenkradmoment über Lenkradwinkel	Lenkungssteifigkeit	o
		Querbeschleunigung über Lenkradwinkel	Lenkungsempfindlichkeit	o
		Giergeschwindigkeit über Lenkradmoment	Giergeschwindigkeitstotband	++
Lenkungs-stößigkeit	Frequenzgang	Lenkradmoment zu Lenkradwinkel	Phasenminimum	++
Eigenlenk-verhalten	Closed-Loop	-	Integralwert fern*	+
Lenkradwinkel-bedarf	Lenkradwinkel-sprung	Giergeschwindigkeit über Zeit	Stationärer Verstärkungsfaktor	o
		Querbeschleunigung über Zeit	Stationärer Verstärkungsfaktor	o
	Closed-Loop	-	Proportionalverstärkung fern*	+
Ansprechen	Frequenzgang	Giergeschwindigkeit zu Lenkradwinkel	Giereigenfrequenz	+
		Lenkradmoment zu Lenkradwinkel	Phasenwinkel bei 1,0 Hz	+
			Mittlerer Amplitudenabfall zwischen 0,7 und 1,0 Hz	+
	Lenkradwinkel-sprung	Giergeschwindigkeit über Zeit	Antwortzeit des Maximums	+
			25 % Antwortzeit	+
			50 % Antwortzeit	+
			Empfundenes Überschwingen	++
Agilität	Closed-Loop	-	Differentialverstärkung nah*	+
Zielgenauigkeit	Closed-Loop		Vorausschauzeit fern*	+

* nah/fern steht für im Modell genutzte Vorausschauzeiten von $t_{nah} = 0,5$ s und $t_{fern} = 1,5$ s

Tabelle 2.1.: Subjektiv-Objektiv-Zusammenhänge nach [Sch10]

Lenkwinkelsprung in deren Eigenschaften und Subjektivbeurteilung verglichen. Subjektiv-Objektiv-Zusammenhänge werden für verschiedene Kriterien aufgezeigt (vgl. Tabelle 2.1).

Hervorzuheben ist ein sog. Empfindungsmodell. Es erlaubt die Rückrechnung der Objektivwerte auf die Fahrerposition sowie die Berücksichtigung der Dynamik des Kopfes, des Übertragungsverhalten der Augen sowie des Gleichgewichtssinns. Dies führt zu teilweise verbesserter Einzelkorrelation der Objektivwerte mit dem Subjektivurteil. Ebenso wird ein Fahrermodell zur objektiven Bewertung von closed loop Manövern eingesetzt.

Auch die neuere Arbeit von Huneke [Hun12] beschäftigt sich mit dem Zusammenhang zwischen subjektiver Beurteilung des Fahrverhaltens und objektiven Kenngrößen für dessen Beschreibung. Es wird der Ansatz der Identifikation von Modellparametern zur Objektivierung verfolgt. Dazu kommt ein Einspurmodell mit Erweiterung für verschiedene Dynamikbereiche zum Einsatz und dessen Anpassung an Messdaten wird durchgeführt. Darauf folgt eine Korrelation robuster und aussagekräftiger Modellparameter mit den Subjektivurteilen. Als Manöver zur Bestimmung von Objektivwerten auf Fahrzeugebene werden der Gleitsinus des Lenkwinkels zur Bestimmung des Übertragungsverhaltens sowie die Kreisfahrt, der Lenkwinkelsprung und die Streckenfahrt verwendet. Dabei sind die Bereiche transient/linear, stationär/nichtlinear, transient/nichtlinear sowie Querund Längsdynamik kombiniert im Fokus, wobei sich linear bzw. nichtlinear auf das querdynamische Übertragungsverhalten bezieht, d. h. die Achsseitenkraft ist linear bzw. nichtlinear mit dem Achsschräglaufwinkel verknüpft.

Die Gewinnung von Objektivwerten erfolgt anschließend mittels des angepassten Fahrdynamikmodells aus Übertragungsfunktionen bzw. Berechnungsergebnissen. Ein Qualitätsindex, als Verhältnis aus Wiederholgenauigkeit und Unterschied zwischen Fahrzeugvarianten, wird als Maß des Informationsgehalts eines Objektivwerts herangezogen. Hohe Werte werden

Beschreibung	Relevanz für das Fahrverhalten
Stationäre Gierverstärkung	Agilität bei geringen Lenkgeschwindigkeiten
Maximale Gierverstärkung	Dynamische Überhöhung der Gierbewegung
Frequenz bei maximaler Verstärkung	Ansprechzeit erste Fahrzeugantwort
Verhältnis max. zu min. Gierverstärkung	Bezogenes Maß für die Überhöhung der Gierbewegung
Stationäre Querbeschleunigungsverstärkung	Lenkwinkelbedarf stationär
Frequenz bei Abfall der Querbeschleunigungsverstärkung auf 90 % des Stationärwertes	Dynamische Antwortfähigkeit
Stationäre Schwimmwinkelverstärkung	Stationäre Stabilität im linearen Bereich
Maximale Schwimmwinkelverstärkung	Minimale dynamische Stabilität
Verhältnis max. zu min. Schwimmwinkelverstärkung	Bezogenes Maß für die dynamische Änderung der Stabilität

Tabelle 2.2.: Kennparameter aus Amplitudengängen zur Charakterisierung des Übertragungsverhaltens nach [Hun12] (Auszug)

dabei bspw. für den Lenkwinkelsprung bei Zeitverzügen und Überschwingweiten erzielt. Lineare Regressionsmodelle, die Objektivwerte mit hohem Qualitätsindex enthalten, werden aufgestellt. Die Basis dazu liefern sechs Varianten. Eine Prognose von Subjektivurteilen erfolgt anschließend mit bis zu drei Objektivwerten (vgl. Tabelle 2.2). Dabei werden auch Modellgrößen wie die Achsschräglaufsteifigkeit verwendet. Eine Gewichtung der einbezogenen Objektivwerte erfolgt jedoch nicht. So kann das Eigenlenkverhalten, die Stabilität sowie die Lastwechselreaktion objektiv beschrieben werden. Das Subjektivurteil zur sog. Gleichphasigkeit zwischen Vorderachse und Hinterachse (ist im Weiteren Bestandteil des Beurteilungskriteriums Verlauf Seitenführung) kann nach Huneke mit dem Zeitverzug zwischen Giergeschwindigkeit und Querbeschleunigung prognostiziert werden (vgl. Tabelle 2.3).

Beschreibung	Relevanz für das Fahrverhalten
Maximalwert der Schwimmwinkelgeschwindigkeit	Maß für die transiente Stabilität
Verhältnis max. zur stat. Giergeschwindigkeit sowie Querbeschleunigung	Maß für die Dämpfung der Fahrzeugantwort
Zeitverzug des 50 %-Wertes der stationären Giergeschwindigkeit zum 50 %-Wert des stationären Lenkradwinkels	Zeitverzug der ersten Fahrzeugantwort
Zeitverzug des 50 %-Wertes der stationären Querbeschleunigung zum 50 %-Wert des stationären Lenkradwinkels	Zeitverzug der zweiten Fahrzeugantwort
Zeitverzug des 50 %-Wertes der stationären Querbeschleunigung zum 50 %-Wert der stationären Giergeschwindigkeit	Maß für die Zweiphasigkeit der Fahrzeugantwort

Tabelle 2.3.: Kennparameter aus dem Lenkradwinkelsprungmanöver zur Charakterisierung des transienten Fahrverhaltens nach [Hun12] (Auszug)

Zusammenfassend ist zu sagen, dass zahlreiche Untersuchungen zur objektiven Bewertung von Fahreigenschaften erfolgt sind. So werden für das subjektive Lenkgefühl häufig die Auswertungen der Hysteresen von Lenkmoment gegenüber Lenkwinkel, Querbeschleunigung und Giergeschwindigkeit sowie die Lenkungssteifigkeiten, d. h. Lenkmoment bezogen auf Lenkwinkel und Querbeschleunigung, genannt. Für den Geradeauslauf hingegen sind der Effektivwert, die spektrale Leistungsdichte oder Häufigkeiten von Lenkwinkel und -moment als relevant identifiziert. Wenn es um das On-Center-Handling geht, werden Zeitverzüge und Verstärkungen als beschreibende Objektivwerte empfohlen. Auch Eigenfrequenzen und Phasen werden als wichtig erachtet. Übersichten sind mit Tabellen 2.5 und 2.4 gegeben.

Manöver	Autor	Bezogene Objektivwerte					
		Lenk-moment	Lenk-winkel	Gier-bewegung	Quer-bewegung	Wank-bewegung	Schwimm-winkel
Geradeaus-lauf	Kudritzki		++				
	Farrer	+	++				
	Zschocke	++					
Anlenken	Farrer			++			
	Gies, Marusic	+					
	Decker	++		+	+		
Sinuslenken	Sato	++			+		
	Farrer	+		++			
	Chen, Crolla			+	+		
	Gies, Marusic	+		+			
	Harrer	+		+	+		
	Zschocke	+		+	+		
	Schimmel	+		+	+		
Lenkwinkel-sprung	Weir, DiMarco			++			
	Strange				++		
	Riedel, Arbinger			+	+	+	+
	Chen, Crolla	+					
	Harrer	+		+	+		
	Zschocke	+		+	+		
	Schimmel			++			
Kurvenfahrt/ Kreisfahrt	Bergman						++
	Strange				++		
	Riedel, Arbinger			+	+	+	+
	Chen, Crolla				+		
	Harrer	+		+	+		
	Zschocke	+		+	+		
Spurwechsel	Weir, DiMarco			++			
	Kudritzki		+	++	+		
	Stamer			++	++		
	Riedel, Arbinger			+	+	+	+
	Decker	++		+	++		
	Zschocke	++					

+ Zusammenhang wird angenommen
++ ausgeprägter Zusammenhang wird angenommen

Tabelle 2.4.: Manöverbezogene Zusammenhänge ausgewählter Untersuchungen zur objektiven Beschreibung des Fahrverhaltens im Überblick

Weitere Ergebnisse der letzten Jahrzehnte zur objektiven Beschreibung des Fahrverhaltens können [Hua04] entnommen werden. Dabei wird durchgängig eine Datenbasis von unter 30 Varianten für die Bestimmung der Zusammenhänge verwendet. Fraglich bleibt in vielen Fällen, ob die Ergebnisse auch für weitere Varianten gültig sind, d. h. ob die Stichprobe der Varianten die Grundgesamtheit abbilden. Nicht nur verschiedene Fahrzeuge, sondern auch verschiedenste Änderungen am Fahrzeug zur Variation des Handlings sind üblich. Insbesondere das Lenksystem, die Bereifung sowie Masse und Schwerpunkt sind Mittel der Wahl zur Variation des Fahrverhaltens. Meist wird der Zusammenhang zwischen Subjektivurteil und Objektivwerten statistisch ermittelt. Zum Teil wird dabei nicht nur die Übertragungsstrecke zwischen Fahrereingabe und Ausgabe auf Fahrzeugebene betrachtet, sondern explizit auch die Strecke zwischen Ausgabe auf Fahrzeugebene und subjektiver Empfindung einbezogen.

In Summe werden viele teils unterschiedliche Kennwerte zur Beschreibung empfohlen. Auch die Subjektivbeurteilung findet in Kriterien und Beurteilungsvorgehen unterschiedliche Anwendung. So besitzen Auslegungsziel, Erprobungsstrecke, Manöver mitunter großen Einfluss auf die Subjektivbeurteilung und damit auf die Relevanz einzelner Objektivwerte. Die individuelle Bestimmung der für eine Fahrzeugabstimmung zielführenden Objektivwerte ist demnach von der Subjektivbeurteilung selbst stark abhängig und nicht isoliert zu ermitteln. Dies macht eine spezifische Objektivierung sinnvoll und notwendig (vgl. auch [Ein13] [Hüs13]).

Der Stand des Wissens zum Thema wurde im vorhergehenden Abschnitt dargestellt. Er bietet ein Fundament, weist jedoch Schwächen und Lücken auf. Die Fragestellung, mit welchen messbaren Kenngrößen auf Fahrzeugebene der subjektive Fahreindruck beschrieben und quantifiziert werden kann, ist nicht vollständig geklärt.

Daraus leitet sich die zentrale Zielsetzung diese Arbeit ab, den Zusammenhang zwischen subjektiver Beurteilung und objektiven Kenngrößen, im

Jahr	Autor	Vari-anten	Manöver	Beschreibende Objektivwerte (Auszug)
1973	Bergman	4	Bremsen bei Kurvenfahrt, Kurvenfahrt uneben	Schwimmwinkelgeschwindigkeit
1978	Weir, DiMarco	37	Lenkwinkelsprung, Spurwechsel, Landstrassenfahrt	Zeitverzug der Giergeschwindigkeit und Gierverstärkung
1982	Strange	4	Lenkwinkelsprung, Kreisfahrt	Querbeschleunigungsdämpfung und -verstärkung
1989	Kudritzki	9	Spurwechsel, Geradeausfahrt	Gierbeschleunigung, Lenkwinkel, Querbeschleunigung; Fläche unter Gierbeschleunigung über Lenkwinkel
1991	Sato	4	Sinuslenken	Totband Lenkmoment und Querbeschleunigung, Differenz der Totbandwerte Lenkmoment
1993	Farrer	19	Geradeauslauf, Sinuslenken, Anlenken	Lenkwinkel, Lenkwinkelgeschwindigkeit, Lenkmoment; Lenkreibung, Lenkmoment-Totband, -ansprechen; Gierverstärkung und Phase zu Lenkwinkel
1997	Stamer	5	Spurwechsel	Zeitverzug zw. Gierrate und Querbeschleunigung; konstante Verstärkung der Gierreaktion und der Querbeschleunigung
1997	Riedel, Arbinger	6	Lenkwinkelsprung, Kreisfahrt, Spurwechsel, Landstrassenfahrt	Zeitverzüge zw. Lenkradwinkel und Giergeschwindigkeit, zw. Lenkradwinkel und Querbeschleunigung, zw. Schwimmwinkel und Wankgeschwindigkeit
1998	Chen, Crolla	16	Kreisfahrt, Lastwechsel, Lenkwinkelsprung, Sinuslenken	Differenz Lenkwinkel zu Differenz Querbeschleunigung; Gierstabilität; Maximalwert Lenkmoment; Querbeschleunigungs- und Gierverstärkung
1998	Gies, Marusic	5	Anlenken, Sinuslenken	Lenkmomentwert und -anstieg; Lenkmomentanstieg und Gierverstärkung
2007	Harrer	25	Sinuslenken, Lenkwinkelsprung, Übergangstest, Kreisfahrt	Steigungen der Hysteresen Lenkmoment vs. Lenkwinkel, Lenkwinkel vs. Querbeschleunigung, Lenkwinkel vs. Giergeschwindigkeit
2009	Decker	24	Spurwechsel, Anlenken	Hysterese Lenkwinkel vs. Querbeschleunigung bzw. Lenkmoment, Stationäre Verstärkungen
2009	Zschocke	10	Kreisfahrt, Sinuslenken, Lenkwinkelsprung und weitere	Steigung und Breite der Lenkmoment-Hystereseschleife
2010	Schimmel	5	Sinuslenken, Lenkwinkelsprung	Lenksteifigkeiten, Totband der Giergeschwindigkeit, Giereigenfrequenz und Gierantwortzeit, stationäre Verstärkungen

Tabelle 2.5.: Überblick ausgewählter Untersuchungen zur objektiven Beschreibung des Fahrverhaltens mit vorgeschlagenen Objektivwerten

Kontext der Reifeneigenschaften und bezogen auf die durch den Reifen beeinflussbare Bandbreite der Fahrdynamik, herzustellen.

Es sind die Subjektivbeurteilung und die menschliche Wahrnehmung dabei zu untersuchen, Gesamtfahrzeugmessungen mit einer großen Anzahl an Varianten durchzuführen und daraus geeignete Objektivwerte zur Beschreibung des Subjektivurteils zur extrahieren. Mit geeigneten statistischen Modellen gelingt die Quantifizierung des Subjektiv-Objektiv-Zusammenhangs. Weiterhin sind Kenngrößen zur Charakterisierung des Reifens und deren Verknüpfung mit den Objektivgrößen auf Fahrzeugebene zu analysieren.

3. Beurteilung der querdynamischen Fahrfunktion eines Reifens

In der Fahrzeugindustrie ist es für ein Produkt mit hohen Ansprüchen unumgänglich auf das Fahrzeug abgestimmte Reifen zu entwickeln. Insbesondere dann, wenn die Fahrdynamik als markenprägende Eigenschaft genutzt wird. So entsteht die Notwendigkeit, Reifeneigenschaften auf die fahrzeugspezifischen Fahrwerkseigenschaften abzustimmen.

Ein wesentliches Instrument dazu ist die subjektive Reifenfunktionsbeurteilung. Der Reifenhersteller entwickelt Reifenprototypen, die im Anschluss durch Versuchsingenieure des Fahrzeugherstellers im Fahrversuch beurteilt, d. h. in definierten Kriterien subjektiv geprüft, werden. Dies erfolgt, ggf. in mehreren Schleifen, unter ständiger Überarbeitung des Reifens durch den Hersteller bis sämtliche Zielvorgaben erreicht werden.

Innerhalb eines Fahrzeugprojekts werden zusammen mit dem Reifenhersteller bis zu 60 Reifentypen in jeweils bis zu sechs Schleifen entwickelt und auf ihr funktionales Querdynamikniveau gebracht. Dabei setzt sich die zu entwickelnde Anzahl aus Sommer-, Ganzjahres-, und Winterbereifungen sowie Standard- und Bereifungen mit Notlaufeigenschaften in jeweils bis zu zehn Dimensionen sowie mehreren Herstellern je Dimension und Reifentyp zusammen.

Zu einer Freigabe sind neben der querdynamischen Fahrfunktion weitere Kriterien wie Längsdynamik, Abrollakustik, Komfort, Bremsweg, Rollwiderstand und weitere zu erfüllen, auf die in dieser Arbeit jedoch nicht weiter eingegangen wird.

Die Fahrfunktion eines Reifens wird in der Fahrzeugindustrie in verschiedenen Kriterien beurteilt [Hei02]. Jeder Hersteller legt seinen eigenen Fo-

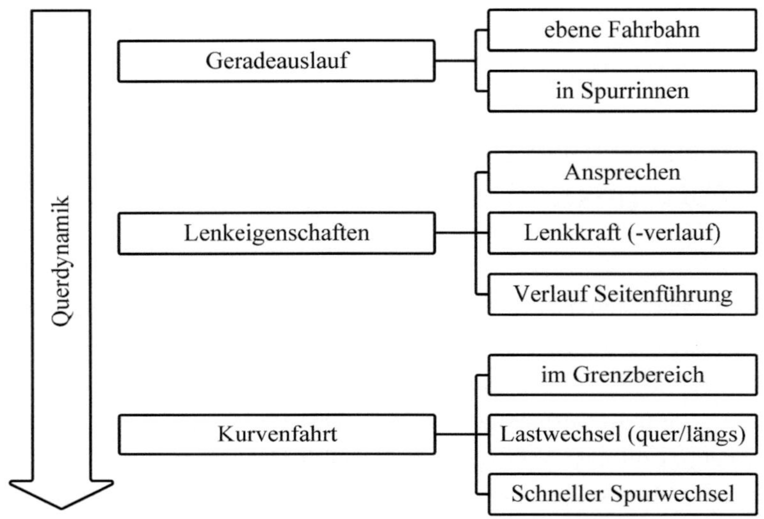

Bild 3.1.: Kriterien der subjektiven Reifenfunktionsbeurteilung

kus, je nach gewünschtem Fahrverhalten. Im Rahmen dieser Untersuchung wurde nach Kriterien, wie sie in Bild 3.1 dargestellt sind, beurteilt. Gesamtheitlich geben die Kriterien Aufschluss über die querdynamischen Eigenschaften des Reifens in Verbindung mit spezifischen Fahrwerkseigenschaften und finden seit Jahrzehnten Anwendung. Sie basieren auf allgemeinen Kriterien der Fahrwerksbeurteilung mit einer reifenspezifischen Anpassung, die über der Zeit nur geringem Wandel unterlagen.

Im Folgenden wird zunächst auf das Beurteilungsvorgehen und dann auf die Kriterien der Reifenfunktionsentwicklung eingegangen.

3.1. Beurteilungsrahmen

Ziel einer Abstimmung, wie auch das der Reifenentwicklung, ist nach Heißing [Hei02] den Regelaufwand zu verringern, mit dem ein Fahrzeug zu führen ist. Hinzu kommen die hersteller- und produktspezifischen Anforderungen an Laufruhe, Agilität und Stabilität. Dies wird in der Beurteilungsfahrt durch ausgebildete Versuchsingenieure subjektiv geprüft. Um die Wirkkette zwischen der Fahrwerkskomponente Reifen, Fahrzeugbewegung und dem subjektiven Empfinden des Versuchsingenieurs verstehen und quantifizieren zu können, sind u. a. die menschliche Wahrnehmung, die Versuchsbedingungen und die Beurteilungsdurchführung zu berücksichtigen.

3.1.1. Menschliche Wahrnehmung bei der Subjektivbeurteilung

Nach Bubb [Wol05] sind die Aufgaben, die ein Fahrer beim Steuern eines Fahrzeugs erfüllen muss, in drei Gruppen zu unterteilen:

- Primäre Fahreraufgabe: Steuern des Fahrzeugs (Bahnplanung, Lenken, Beschleunigen und Verzögern),

- Sekundäre Fahreraufgabe: Unterstützen der Fahrt (Betätigung des Blinkers, der Scheibenwischer etc.) und

- Tertiäre Fahreraufgabe: Komfortrelevante Aufgaben (Bedienung der Sitzheizung, des Radios etc.).

Dabei ist die primäre Fahreraufgabe in drei Teile zu zerlegen:

- Vorausschauendes Beobachten,

- Planung und Umsetzung des Soll-Kurses und

- Ausregeln der Abweichungen vom Soll-Kurs.

Der genannte Regelaufwand zur Stabilisierung des Soll-Kurses (vgl. [Hei02]), ist maßgeblich vom Fahrverhalten des Fahrzeugs sowie von den Umgebungsbedingungen, wie bspw. Witterung und Fahrbahnzustand, abhängig.

Die zur Erfüllung der Fahreraufgabe notwendige Informationsaufnahme wird durch die menschliche Wahrnehmung ermöglicht. Der Informationsfluss zwischen Umwelt und Fahrer erfolgt optisch, haptisch, kinästhetisch und akustisch. Dabei sind die ersten drei genannten Arten der Wahrnehmung im Rahmen dieser Arbeit von Interesse. Weiterführende Informationen zum Wahrnehmungsystem im Kontext des Führens von Kraftfahrzeugen sind in [Bot08] [Sam07] [Tom06] zu finden.

Information	Sinnesorgan				
	Auge	Vestibular-apparat	Mechanorezeptoren		Ohr
			epikritisch	haptisch	
Spurabweichung	X				
Quer-/Längs-geschwindigkeit	X				
Beschleunigung (längs, quer)		X	X	X	
Fahrgeschwindigkeit	X				X
Winkel Fahrzeug-längsachse - Sollkurs	X				
Giergeschwindigkeit	X				
Gierbeschleunigung		X			
Neigungswinkel (Nicken, Wanken)	X	X			
Lenkwinkel	X				
Kräfte in Stellgliedern			X	X	
Fahrtgeräusch					X

Tabelle 3.1.: Bei der Fahrzeugführung aktive Sinnesorgane nach [Tom06]

Dabei wird beim Führen eines Fahrzeugs über mehrere Sinnesorgane Information aufgenommen (vgl. Tabelle 3.1). Wege und Winkel, Geschwindigkeiten, Beschleunigungen, Lenkwinkel und -momente sowie Fahrgeräusche sind als Rückmeldung zum Fahrzeugzustand vom Fahrer wahrzunehmen. So können über die Wahrnehmungskanäle notwendige Informationen zum Zustand des Fahrzeugs im Kontext der Umgebung an den Fahrer übermittelt werden.

Wahrnehmungsfluss

Grundsätzlich ist bei einer Subjektivbeurteilung zwischen der Höhe einer wahrnehmbaren Fahrzeugreaktion und dem Gefallen dieser zu unterscheiden [Wol09]. Mittels der in dieser Arbeit verwendeten Bewertungsskala (BI-Skala) wird das Gefallen des Fahrverhaltens, nicht explizit die Höhe einer Fahrzeugreaktion, beurteilt. Es ist zunächst die kleinste Quantität der Änderung einer Fahrzeugreaktionsgröße zu bestimmen, die durch den Fahrer wahrgenommen werden kann. Hier ist zwischen der Wahrnehmungsschwelle, also wie groß eine Größe absolut sein muss, damit sie wahrgenommen werden kann, und der Höhe des Unterschieds eines Wertes, um durch den Fahrer aufgelöst zu werden, zu differenzieren.
Die Kenntnis über die notwendigen Quantitäten bzw. Quantitätsänderungen einer Fahrzeugreaktionsgröße zur Wahrnehmung ist bei den folgenden Korrelationsuntersuchungen hilfreich. Werden in späteren Korrelationsuntersuchungen Unterschiede in einem Objektivwert bestimmt, die unterhalb der Wahrnehmungsschwelle liegen, so kann dieser als das subjektive Fahrempfinden beschreibende Größe ausgeschlossen werden. Alle in Abschnitt 6 als relevant ermittelten Größen müssen im multiplen Regressionsmodell bei Überprüfung mittels t-Test Signifikanz aufweisen. Eine Änderung eines beschreibenden Objektivwertes über dessen Bandbreite muss eine Änderung in der Wahrnehmung und im Subjektivurteil zur Folge haben. So können Objektivwerte als das Subjektivurteil beschreibende Größen ausgeschlossen werden, wenn deren Änderung nicht wahrnehmbar ist.
Speziell bei niedrigdynamischen Manövern wie Geradeausfahrt oder Sinus-

lenken mit kleiner Lenkwinkelamplitude ist zu prüfen, welchen Wert eine Fahrzeugbewegungsgröße annehmen, bzw. wie groß ein Unterschied sein muss, um durch den Fahrer wahrgenommen werden zu können. Obwohl Schwellen der Wahrnehmung von Mensch zu Mensch unterschiedlich sind, sind diese bereits untersucht worden und Wertebereiche verfügbar (vgl. Tabelle 3.2). Zudem ist zu beachten, dass eine Interaktion verschiedener Objektivwerte im Bezug auf deren Wahrnehmungsschwellen wahrscheinlich, jedoch noch nicht hinreichend untersucht ist [Bot08][Tom83]. Bei harmonischen Fahrzeugbewegungen ergeben sich die Schwellenwerte der Phasenverzüge aus den Schwellen der Amplitudenwerte. Die Schwellen der Amplitudenwerte sind für die Bewertung der Relevanz einzelner Objektivwerte ausschlagebend. Die Wahrnehmungsschwellen von Differenzwerten sind für die Bewertung von reifenbedingten Unterschieden entscheidend. Jedoch ist diese Differenzschwelle nach [Wol09] [Bar04] vom Absolutwert abhängig.

	Gierbeschleunigung [$°/s^2$]	Giergeschwindigkeit [$°/s$]	Querbeschleunigung [m/s^2]
[Tom83]	4	5 bis 12	0,05 bis 0,18
[You96]	0,2 bis 2	0,05 bis 2,2	0,02 bis 0,3
[Hei02]	0,05 bis 5	*k. A.*	0,05 bis 0,1
[Bar04]	2 bis 6	5 bis 12	0,18
[Mur06]	*k. A.*	0,08	0,01
[Bot08]	3	2 bis 3	0,05 bis 0,2
[Wol09]	10	0,2 bis 1	*k. A.*

Tabelle 3.2.: Wahrnehmungsschwellen (Absolutwerte)

So ist spätestens nach [Bot08] von einer individuellen Streuung der Schwellenwerte auszugehen. Bei verschiedenen Personen können diese Schwellenwerte sehr unterschiedlich sein. Grundsätzlich werden die translatorischen sowie rotatorischen Fahrzeugbewegungen in deren Beschleunigung, Geschwindigkeit sowie Weg bzw. Winkel gleichzeitig wahrgenommen. So

Bild 3.2.: Der dynamische Fahrsimulator (Quelle: BMW Group)

geht [Wol09] davon aus, dass bei höherem Absolutwert die Differenz der Fahrzeugbewegung für die Wahrnehmbarkeit ebenfalls höher sein muss. Die Verteilung der Wahrnehmung auf verschiedene Wahrnehmungskanäle ist von der Bewegungsart abhängig. So wird bspw. die Rollbewegung des Fahrzeugaufbaus stärker durch den kinästhetischen Apparat und das Gieren eher visuell wahrgenommen. Ein reifenbedingter Einfluss der Wankbewegung des Fahrzeugaufbaus auf das Lenkgefühl kann im Rahmen dieser Arbeit nicht nachgewiesen werden. Auch [Mit04] und [Kra10] sehen das Wankverhalten primär als Komforteigenschaft an. Im Weiteren wird auf dieses Thema noch eingegangen.

Um der Bedeutung der Wahrnehmung im Kontext einer objektiven Beschreibung des Fahrdynamikverhaltens gerecht zu werden, wurden im Rahmen dieser Arbeit eigene Versuche durchgeführt. Es erfolgte eine Untersuchung der Wahrnehmungsschwellen bei den beteiligten Versuchsingenieuren, die Reifenfunktionsentwicklungen durchführen. Dazu wurden Versuche zu den Differenzschwellen der Wahrnehmung am Fahrsimulator, eine Projektionskuppel auf einer Hexapod-Aktuatorik (Bild 3.2), durchgeführt (vgl. [Rup11]). Details und Funktionsweise des genutzten dynamischen Fahrsimulators sind in [Rei10] [Sam07] ausführlich beschrieben.
Dabei wurden Fahrzeugbewegungsdaten eines Sinuslenkmanövers verwendet, die mit einem Fahrdynamikmodell berechnet wurden. Dies wurde mit

1 Hz Lenkfrequenz, 3° Lenkamplitude und bei einer Fahrgeschwindigkeit von 80 km/h durchgeführt, ähnlich dem Manöver des Beurteilungspunkts Lenkansprechen der subjektiven Reifenfunktionsbeurteilung.

In einem ersten Schritt geht es ausschließlich um die Wahrnehmbarkeit. Amplituden und Zeitverzüge, bezogen auf den Lenkwinkel, der Fahrzeugbewegungsdaten wurden variiert, bis die individuelle Schwelle der Wahrnehmbarkeit des Probanden erreicht wurde. Eine Veränderung wurde als wahrgenommen gewertet, wenn die Variation von sämtlichen Probanden wahrgenommen wurde.

Allerdings ist, bedingt durch die Verstimmung des Systems, nicht auszuschließen, dass das Zusammenspiel von Bewegungsgrößen die Wahrnehmbarkeitsschwellen beeinflusst. So konnte von sämtlichen sechs Probanden, jeder Experte des Fahrversuchs, bei Fahrt mit niedrigster Querdynamik eine Differenz in der Querbeschleunigung von ca. 0,02 m/s^2 eindeutig aufgelöst werden. Eine Änderung im Schwimmwinkel war, trotz geringer Absolutwerte, bei einer Abweichung von ca. 0,01° eindeutig auflösbar. Auch Wankwinkeländerungen von ca. 0,02° konnten wahrgenommen werden. Änderungen der Zeitverzüge zum Lenkwinkel konnten bereits ab ca. 0,001 s wahrgenommen werden.

In einem weiteren Schritt wurde im Anschluss das Gefallen durch die Probanden bewertet. Ergebnisse der Gefallensbewertung sind, dass eine höhere Querbeschleunigungsamplitude subjektiv als besser beurteilt wird und kein Optimum auftritt. Eine Änderung der Giergeschwindigkeitsamplitude spielt bei der Gefallensbewertung eine eher untergeordnete Rolle. Geringere Wankwinkel werden jedoch subjektiv als besser empfunden. Auch geringere lenkwinkelbezogene Zeitverzüge der Fahrzeugreaktionsgrößen wurden subjektiv besser bewertet.

Sämtliche Ergebnisse sind jedoch unter Vorbehalt zu betrachten, da eine Änderung einzelner Fahrzeugbewegungsgrößen zur Wiedergabe eines real nicht auftretenden Fahrzeugverhaltens führen kann. Die Größen passen dann in Höhe und Verlauf u. U. nicht mehr zueinander. Auswertungen bei kleinen Änderungen, wie hier, werden jedoch als zulässig eingeschätzt.

3.1.2. Versuchsbedingungen und -durchführung

Für den Fahrversuch der Reifenfunktionsentwicklung sind einige Rahmenbedingungen zu nennen. Bekannt ist, dass nicht nur die Komponente Reifen, mit der im Rahmen dieser Arbeit eine Variation der Fahrzeugquerdynamik erzeugt wurde, Einfluss auf das Fahrverhalten hat. Auch Umgebungsbedingungen wie Fahrstrecke, Fahrzeug sowie Fahrer wirken sich auf das subjektiv empfundene Fahrverhalten aus. So wird eine subjektive Beurteilung der Fahrfunktion grundsätzlich bei definierten Umgebungsbedingungen durchgeführt.

Weiterhin erfolgt die Funktionsbeurteilung eines Versuchsreifens stets im Vergleich zu einem Referenzreifen. Dieser ist i. d. R. ein Serienreifen, der bei Entwicklungsbeginn für jede Dimension und jeden Reifentyp festgelegt wird. Er ist im Fahrversuch bei Erreichen eines definierten Verschleißzustands durch einen neuwertigen zu ersetzen. Der Referenzreifen soll in seiner Fahrfunktion dem Entwicklungsziel möglichst nahe kommen.

Die Beurteilung erfolgt auf einem von zwei Versuchsgeländen (Bild 3.3). Jeder Beurteilungspunkt wird auf dem gleichen Streckenabschnitt beurteilt. Auch jede Versuchsfahrt wird in ihrem Ablauf wiederholt. Dabei werden alle Manöver auf einer Schnellfahrbahn mit zwei parallel verlaufenden Geraden, die durch Schleifen verbunden sind, gefahren. Die Schleifen weisen eine Neigung von 7 % und die Geraden von 3 % auf.

Das subjektiv empfundene Fahrverhalten weist eine teils ausgeprägte Temperaturabhängigkeit auf. Da die Umgebungstemperaturen bei Beurteilungsfahrten schwanken, werden diese dokumentiert und sind für die objektive Beschreibung der Fahrfunktion zu berücksichtigen. Es gilt als Vorgabe, dass Subjektivbeurteilung von Sommerreifen bei Temperaturen zwischen 15 und 25 °C und Winterreifen bei unter 10 °C durchgeführt werden soll-

Bild 3.3.: Schnellfahrbahn Versuchsgelände Aschheim mit Spurrinnenabschnitt
(Quelle: BMW Group)

ten. Für die Subjektivbeurteilung im Fahrversuch werden funktionale Reifeneigenschaftsänderungen des Prüf- sowie Referenzreifens über die Außentemperatur als näherungsweise gleich angenommen.

Die Durchführung der Fahrversuche der Reifenbeurteilung erfolgt auf seriennahen Fahrzeugen. Diese kommen in ihren Eigenschaften und Daten dem Zielfahrzeug, für das die Reifenentwicklung durchgeführt wird, möglichst nahe. Die Fahrzeuge werden in technisch einwandfreiem Zustand gehalten und in festgelegten Intervallen einer Prüfung der Fahrwerkseinstellungen, wie Spur und Sturz, unterzogen.

Im Rahmen dieser Arbeit wurden die Fahrversuche mit Beurteilung je Fahrzeugklasse mit demselben Fahrzeug durchgeführt, um die Ergebnisse möglichst gering durch das Fahrzeug zu beeinflussen. So erfolgte die Beurteilungsfahrt stets unbeladen und mit einem Tankfüllstand über 50 %.

Genutzt werden zur Beurteilung absolute Werte der Bewertungsskala, jedoch stets in Relation zur Fahrfunktion des Referenzreifens, da so Schwankungen bei Umgebung und Fahrzeug zu reduzieren sind. Zum Start der Entwicklung wird eine Absolutbeurteilung des Referenzreifens vorgenommen, die jedoch während der Entwicklungsphase leicht abgeändert werden kann, wenn sich das Fahrverhalten, bspw. durch Umgebungseinflüsse verursacht, ändert. Jeder Versuchsingenieur beurteilt das Fahrverhalten bzw. die Reifenfahrfunktion anders, indem er die Skala der Bewertung individuell in Versatz und Spreizung nutzt. Nach [Krü01] kann diesem Sachverhalt in der Objektivierung zumindest teilweise Rechnung getragen werden, indem Subjektivurteile als Differenz zum individuellen Urteilsmittelwert ausgedrückt oder individuell z-standardisiert werden. In dieser Arbeit ist dies nicht notwendig, da die Auswertung hauptsächlich auf Basis der Bewertungen eines Fahrers erfolgte.

Im Rahmen der Reifenfunktionsentwicklung findet eine intensive Abstimmung zwischen den Versuchsingenieuren statt. Merkmale der Beurteilung können als näherungsweise gleich angenommen werden. Damit wird es möglich, die Objektivierung mit nur einem Fahrer durchzuführen.

Besonders ist in diesem Zusammenhang hervorzuheben, dass für eine belastbare Subjektiv-Objektiv-Analyse die Wiederholgenauigkeit der Fahrzeugbetriebspunkte hoch sein muss. So bietet die menschliche Wahrnehmung hier sehr gut die Möglichkeit, Schwankungen auszugleichen, jedoch ist für eine Vergleichbarkeit objektiver Größen das Durchlaufen gleicher Manöver und Betriebspunkte von fundamentaler Bedeutung. Daher wird für bessere Reproduzierbarkeit, wie auch in [Sch10] im Rahmen dieser Arbeit je Fahrzeugklasse mit einem Experten zur subjektiven Beurteilung gearbeitet. Subjektive Beurteilungen durch Experten weisen grundsätzlich geringere Varianz, sowohl bei Wiederholungen durch einen Beurteiler, als auch bei Beurteilung durch verschiedene Beurteiler, auf. Auf die Differenzierung der Kriterien in closed und open loop gefahrene Manöver wird in Abschnitt 4 eingegangen.

3.1.3. Beurteilungsprozess und -ziele

Beurteilt wird nach der in der Kraftfahrzeugindustrie üblichen 10er-Intervallskala [Hei02], hier BI-Skala genannt (vgl. Tabelle 3.3), mit 0,25 BI als kleinste Abweichung im subjektiv empfundenen Fahrverhalten. Dabei kann das Entwicklungsziel vom Reifentyp abhängig sein.

Bewertung	BI		Differenzierung
derzeit optimal	10		
sehr gut	9	8,5	
gut	8		8,25
noch gut	7	7,5	7,75
			7,25
befriedigend	6	6,5	6,75
genügend	5		

Tabelle 3.3.: Subjektivnotenskala wie in der Fahrzeugindustrie üblich (nach [Hei02])

Zu dem Notenurteil werden ggf. Kommentare in Freitextform ergänzt. Aus der Beurteilung der Kriterien wird anschließend eine Gesamtbewertung abgeleitet, d. h. die Funktion als „in Ordnung" oder „nicht in Ordnung" eingestuft.

Die subjektive Reifenbeurteilung unterliegt naturgemäß Streuungen. Die Empfindung der Fahreigenschaften ist nicht immer gleich. So ist es dem Versuchsingenieur nicht immer möglich, sein subjektiv gebildetes Urteil vollständig zu reproduzieren. Einflüsse wie emotionaler Zustand, Müdigkeit und weitere können das Ergebnis beeinflussen. Die Wahrnehmungsschwellen und -sensitivitäten eines Menschen sind nicht konstant. Auch Umgebungseinflüsse durch Witterung, Fahrbahn-, Fahrzeug- sowie Reifenzustand tragen dazu bei, dass die Empfindung des Fahrzeugverhaltens nicht konstant sein kann. Hieraus entsteht eine Unschärfe bei der subjektiven Beurteilung, die es im Rahmen der Objektivierung zu berücksichtigen gilt. Auch die diskontinuierliche Bewertungsskala trägt dazu bei. Liegt eine Empfindung subjektiv zwischen den Noten, muss sich der Versuchsingenieur für eine Bewertung entscheiden. Daher stellt der Abstand zwischen zwei Bewertungsnoten die Auflösungsgrenze dar, die es bei der Objektivierung mit dieser Bewertungsskala zu erreichen gilt. Da auch die menschliche Wahrnehmung und subjektive Beurteilung natürlichen Schwankungen unterliegt, ist diese unter Umständen nicht jeden Tag gleich. Eine Gewichtung der Teilkriterien kann daher auch unterschiedlich sein. Eine stärkere Gewichtung störender Einflüsse bei Erreichen eines Schwellenwertes ist nicht auszuschließen.

Eine weitere zu stellende Frage ist die Beurteilung verschiedener Reifendimensionen bei gleicher Funktion, da ggf. die Erwartung an eine bspw. 18" Mischbereifung eine andere ist als an eine 16" Basisbereifung. So ergaben die Analyse des Beurteilungsvorgehens sowie Gespräche mit Versuchsingenieuren der Reifenbeurteilung, dass aufgrund der Reifendimension in der Beurteilung nicht unterschieden wird. Kleine Dimensionen werden daher bei schlechterer Fahrfunktion zwar entsprechend schlechter bewertet, jedoch akzeptiert. Eine feste Bewertungsnote für eine Freigabe ist daher weder möglich noch erforderlich. Der Reifen muss gesamtheitlich ein ausgewogenes Fahrverhalten aufweisen und den individuellen Anforderungen an Reifentyp und Dimension genügen. Folglich wird im Weiteren aufgrund der Reifendimension nicht unterschieden.

3.2. Beschreibung der Kriterien und Ergebnisse

3.2.1. Kriterien im Überblick

Heißing [Hei02] unterteilt die Subjektivbeurteilung in Anfahrverhalten, Bremsverhalten, Lenkverhalten, Kurvenverhalten, Geradeausfahrt und

Fahrkomfort. Die enthaltenen Kriterien sind jedoch auf eine allgemeine Fahrdynamikentwicklung bzw. Fahrwerksabstimmung bezogen und werden als üblich in der Fahrwerksbeurteilung angegeben.

Im Rahmen dieser Arbeit werden Beurteilungskriterien der Bereiche Lenkeigenschaften, Geradeauslauf und Kurvenfahrt genutzt. Diese Einteilung ist aus der Historie gewachsen und hat sich bewährt. Jede Kategorie besteht dabei aus Einzelkriterien, welche die funktionalen Anforderungen an den Reifen unter verschiedenen Betriebsbedingungen widerspiegeln. Gesamtheitlich decken die Kriterien sowohl die Reaktion eines Fahrzeugs bei Geradeausfahrt, niedriger Dynamik, als auch das Verhalten auf die Fahrereingabe im fahrdynamischen Grenzbereich ab. Die Kriterien können in ihrem Inhalt und ihrer Bewertung zwischen den Automobilherstellern unterschiedlich sein, da oftmals eine eigene Einteilung der Kriterien erfolgt oder markenspezifisch ausgewählte Eigenschaften und Kriterien fokussiert werden. So sind einige Eigenschaften in mehrere Beurteilungsmerkmale geteilt und andere stärker zusammengefasst. Daher ist es notwendig, zunächst die Inhalte der einzelnen Kriterien der Subjektivbeurteilung zu analysieren.

Zu den im Rahmen dieser Arbeit nicht behandelten, jedoch für die Fahrdynamikentwicklung bedeutenden Themen, auch im Bezug auf den Reifen, wurde eine Reihe an Arbeiten durchgeführt. Dies gilt insbesondere für die Themenfelder der Längsdynamik [Chu01] [Str02], Vertikaldynamik [Hil10] [Kna10] [Bel02] [Nob68] sowie Akustik [Sch03] [Gau92].

Die Beurteilungsfahrten im Rahmen dieser Arbeit wurden stark standardisiert durchgeführt. So steht hinter jedem Beurteilungspunkt ein Ersatzmanöver mit konkreten Betriebspunkten (vgl. Tabellen 3.4 und A.1 im Anhang). Jedes Kriterium wird bei möglichst konstanten Umgebungsbedingungen auf trockener Fahrbahn und gleichem Streckenabschnitt beurteilt. Dabei sind in einem Kriterium ein oder mehrere Beurteilungsmerkmale zu bewerten.

Kriterium		Lenkeingabe des Beurteilers	Typische Werte (Fzg. der unteren Mittelklasse)				
			Fahrgeschwindigkeit	max. Lenkradwinkeldifferenz	max. Lenkradmoment	max. Giergeschwindigkeit	max. Querbeschleunigung
			[km/h]	[°]	[Nm]	[°/s]	[m/s²]
Geradeauslauf	ebene Fahrbahn	Festhalten des Lenkrades	190	0,0	0,3	0,7	0,5
	in Spurrinnen	Festhalten des Lenkrades	90	0,0	0,7	2,5	1,0
Lenkeigenschaften	Ansprechen	Sinuslenken	80	3,5	1,6	0,9	0,2
	Lenkkraft	Sinuslenken	60	3,0 ... 14,0	1,6 ... 2,6	0,9 ... 3,0	0,2 ... 0,8
	Verlauf Seitenführung	Lenkwinkelsprung	120	10,0	3,0	3,5	2,0
Kurvenfahrt	Grenzbereich	Quasistat. Kreisfahrt	120	70,0	4,6	17,0	9,0
	Lastwechselreaktion	Festhalten des Lenkrades	110	0,0	3,7	8,5	4,0
	Schneller Spurwechsel	Einzelsinus	160	40,0	6,5	27,0	8,5

Tabelle 3.4.: Überblick über die Beurteilungskriterien der subjektiven Reifenfunktionsbeurteilung mit typischen Werten für die Betriebsgrößen auf Fahrzeugebene

In dieser Arbeit werden Reifendimensionen von 195/55 R16 bis 245/30 R19 betrachtet. Dem Versuchsingenieur sind Hersteller und Dimension des Reifens bei Durchführung des Fahrversuchs bekannt. Jeweils wird gegen eine Referenz, in der Regel des gleichen Felgendurchmessers, gefahren. So werden insbesondere die Kurveneigenschaften eines Reifens bei größeren Dimensionen tendenziell besser beurteilt. Daher werden im Folgenden mögliche Zusammenhänge zwischen manöverspezifischen Fahrereingabegrößen und Reifendimension sowie Subjektivurteil untersucht. Über die Kriterien der reinen Fahrfunktion hinaus, die hier im Weiteren betrachtet werden, muss ein Reifen auch Kriterien der Subjektivbeurteilung, wie Komfort- und Akustikanforderungen genügen. Auch getrennt durchgeführte Versuche zum Rollwiderstand, das Bestehen der Schnelllaufprüfung, die Plattlaufleistung bei Run-Flat-Reifen sowie die Ergebnisse der Verschleißtests müssen Vorgaben entsprechen.

3.2.2. Detailbetrachtung der Kriterien

Die Beurteilungskriterien sind nach der auftretenden Querdynamik geordnet. So ist für jedes Kriterium der subjektiven Reifenbeurteilung ein Manöver mit jeweils mehreren Beurteilungsmerkmalen definiert. Die Kriterien ergaben sich aus jahrzehntelanger subjektiver Reifenfunktionsbeurteilung und haben ihren Ursprung im Beurteilungsvorgehen der Achsentwicklung. Insbesondere für die Beurteilung der Lenkeigenschaften ist zu prüfen, ob Reifeneigenschaften oder auch die Erwartungshaltung des Versuchsingenieurs Einfluss auf die manöverspezifischen Fahrereingabegrößen haben. Bei den Kriterien der Kurvenfahrt ist die Lenkradwinkeleingabe von der Reifenfahrfunktion abhängig. So ist der Lenkradwinkelbedarf bei der Fahrt im Grenzbereich oder das Gegenlenken nach einem schnellen Spurwechsel stark von der querdynamischen Reifencharakteristik abhängig, wie im Weiteren gezeigt wird. Hier sind Objektivwerte des Lenkradwinkels als mögliche, das Subjektivurteil beschreibende Größen in die Untersuchung des Subjektiv-Objektiv-Zusammenhangs einzubeziehen.

Geradeauslauf

Bei Beurteilung des reifenabhängigen Geradeauslaufverhaltens ist zwischen Geradeauslauf auf ebener Fahrbahn und Geradeauslauf bei Überfahrt von Spurrinnen in Fahrbahnlängsrichtung zu unterscheiden. Beide Kriterien werden im On-Center-Bereich beurteilt.

Die Beurteilung des Geradeauslaufverhaltens eines Reifen auf ebener Fahrbahn erfolgt bei einer Fahrgeschwindigkeit von 190 km/h. Dabei wird die Beurteilung auf einer Geraden mit festgehaltenem Lenkrad (fixed control) durchgeführt. Um möglichst nicht vom initialen Kurs abzuweichen, fixiert der Fahrer bei Beginn des Manövers visuell einen festen Punkt am Horizont, auf welchen er zu fährt. Die Kursabweichung wird dann bewertet.

Ursachen einer Kursänderung können die Fahrbahnneigung, Störungen der Fahrbahn, Einfluss durch Seitenwind oder die Nullseitenkräfte der Reifen sein. Beurteilungsmerkmale sind Lenkradkraft- sowie Lenkradwinkeleinträge als auch die Störungsempfindlichkeit, wechselseitige Abweichung vom ursprünglichen Kurs und die kumulierte Störung des Geradeauslaufs. Das Geradeauslaufverhalten wird dann akzeptiert, wenn keine Kursabweichung und kein lateraler Versatz aus der Spur, keine störende Bewegung des Fahrzeugaufbaus sowie keine Lenkradeinträge auffällig sind. Bei den im Rahmen dieser Untersuchung gewonnenen Daten ist die Spreizung der Subjektivurteile im Bezug auf das Geradeauslaufverhalten allerdings gering. So treten keine signifikanten Unterschiede der untersuchten Reifen auf. Auch die geringe Reproduzierbarkeit der Messung ermöglicht eine Objektivierung dieses Beurteilungspunktes nur begrenzt. Ein weiterer Sachverhalt ist hier zu berücksichtigen. Bedingt durch Unebenheiten wird eine Rückwirkung durch ungewollten Lenkradwinkeleintrag erzeugt. Dies ist keine vom Fahrer bewusst durchgeführte Eingabe und hat somit zur Folge, dass auch keine durch den Fahrer verursachten Eingabeunterschiede zwischen den einzelnen Messungen der Varianten vorhanden sind.

Dies gilt ebenso für das Beurteilungskriterium Geradeauslauf in Spurrinnen. Dieses Kriterium beinhaltet die Fahrzeugrückmeldung bei Überfahrt von Spurrinnen. So werden stets mit ähnlichem Winkel und konstanter Fahrgeschwindigkeit Spurrinnen überfahren. Subjektiv zu beurteilen sind dabei die Höhe von Lenkkraftschwankungen, sog. in-die-Hand-Lenken, sowie die Reaktion des Fahrzeugaufbaus bei Überfahrt der Spurrinnen. Auch die Ausgeprägtheit von Kursbeeinflussungen, sog. Verziehen, geht in die Beurteilung ein. Als optimal gilt eine Überfahrt, die ohne Beeinträchtigung in Lenkkraft und Kurs bzw. Fahrzeugaufbaubewegung, d. h. ohne oder mit nur geringem Störungseintrag bei Überfahrt, durchgeführt wird.

Lenkverhalten

Die Beurteilung der Lenkeigenschaften ist in drei Einzelkriterien aufgeteilt. So wird zwischen Beurteilung des Lenkansprechens, der Lenkkraft und des Verlaufs der Seitenführung unterschieden. Dabei erfolgt die Bewertung der drei Kriterien im linearen, niedrigdynamischen Bereich des Fahrzustands. Die in der Literatur oft genannten Begriffe Lenkgefühl und Lenkempfindlichkeit sind in diesem Beurteilungsblock enthalten. Die Inhalte der Einzelkriterien werden im Folgenden erläutert.

Das Lenkansprechen ist eines der wichtigsten Kriterien zur Beurteilung der Funktion eines Versuchsreifens. Das dynamische Manöver im linearen Bereich wird auf einer ebenen Fahrbahngeraden bei einer konstanten Fahrgeschwindigkeit von 80 km/h durchgeführt.
Je nach Lenkübersetzung liegt bei diesem Manöver eine Radschräglaufamplitude von ca. $0{,}2°$ an der Vorderachse vor. Der Schräglaufwinkel an der Hinterachse eilt, je nach Reifencharakteristik, nach.
Ziel bei der Beurteilung des Kriteriums Lenkansprechen ist die Bestimmung der Höhe und des zeitlichen Verhaltens der Fahrzeugreaktion bei niedrigdynamischer Fahrt. Zunächst ist festzustellen, ob es sich bei dem Manöver zum Beurteilungskriterium Lenkansprechen um ein open- oder closed-loop Manöver handelt, d. h. ob die Fahrereingabe von der Systemantwort abhängig ist. So wurde die Lenkradwinkeleingabe bei einer großen Anzahl an Beurteilungsfahrten untersucht. Es kann näherungsweise von einem reinen Sinuslenken ausgegangen werden, daher sind die bestimmenden Eingabeparameter Amplitude und Frequenz des Lenkradwinkels. Deshalb wurde anhand von Messdaten aus dem Gesamtfahrzeugversuch der Mittelwert und die Abweichung der Lenkradwinkelamplitude und

-frequenz, je innerhalb einer Fahrt und im Mittel vergleichend, über insgesamt 200 Beurteilungsfahrten analysiert. Dabei wurden Versuchs- und Referenzreifen für die Raddurchmesser 16", 17" und 18" subjektiv beurteilt, wobei die Referenzreifen der entsprechenden Dimension mehrmals beurteilt wurden. Daher ist eine Gruppierung der Reifen nach Referenz- und Versuchsreifen möglich.

Über Auswertung des Lenkradwinkels bei Fahrten mit Referenzreifen ist Mittelwert und Streuung der Manöverparameter bedingt durch den Fahrer zu ermitteln. Analysiert wurden die Unterschiede im Manöver über verschiedene Messungen. Als Manöverkenngrößen fungierten Amplitude und Frequenz des Lenkradwinkels, jeweils im Mittel über die Dauer der Beurteilungsfahrt. Über die Gesamtzahl der ausgewerteten Messungen beträgt die Lenkradwinkelamplitude ca. 3,3° mit einer Standardabweichung von 6 % und die Lenkfrequenz 1,1 Hz mit einer Standardabweichung von 5 %.

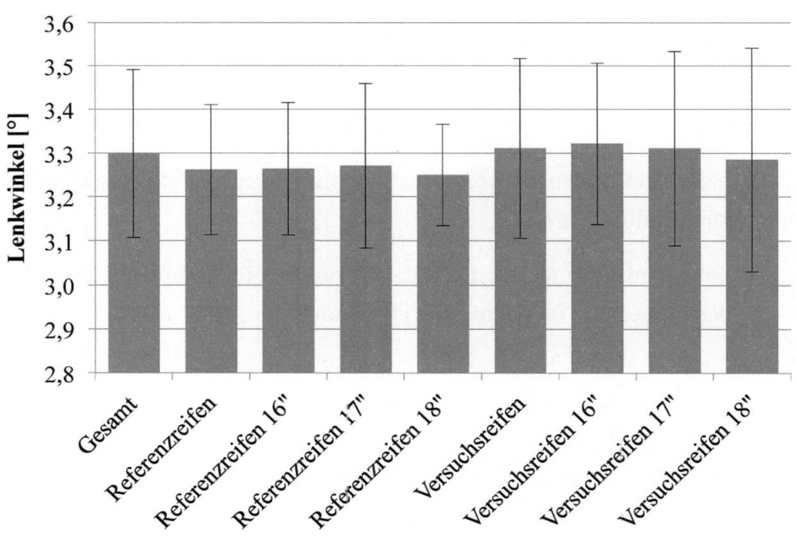

Bild 3.4.: Mittelwert und einfache Standardabweichung der Lenkradwinkelamplitude

Versuchsreifen werden im Mittel mit geringfügig mehr Lenkradwinkel gefahren. Die Unterschiede in der Lenkradwinkelamplitude zwischen Referenz- und Versuchsreifen liegen bei ca. 1,5 %. Auch bei der Lenkfrequenz liegen geringfügige Unterschiede vor. So ist die Lenkradwinkelfrequenz bei Versuchsreifen um ca. 5 % höher als bei den Referenzreifen. Dennoch werden die Unterschiede als hinreichend gering angesehen, sodass das Manöver dieses Kriteriums als open-loop zu sehen ist.

Dabei wird das Manöver sehr reproduzierbar gefahren. Ein Einfluss bzw. Rückwirkung der Funktion auf das Manöver ist nur geringfügig vorhanden, da die Unterschiede in Amplitude und Frequenz gering sind. Im Mittel über alle Messungen liegen sie bei unter 1,5 % bzw. unter 5 %. Ebenso ist der Einfluss der Reifendimension auf das gefahrene Manöver gering. So liegt bspw. der Unterschied der gemittelten Lenkradwinkelamplitude bei 16" Durchmesser gegenüber 18" Durchmesser bei unter einem Prozent.

Grundsätzlich bestehen drei Möglichkeiten bei Klärung der Frage, ob der Reifen die Fahrereingabe beeinflusst:

- keine oder geringe Abweichungen im Manöver bei Fahrt mit verschiedenen Reifen und damit kein Einfluss,

- hohe Abweichungen ohne Rückkopplung (also zufällig) und damit kein Einfluss, sowie

- hohe Abweichungen mit Rückkopplung der Reifenfahrfunktion oder der -dimension und damit Beeinflussung.

So erscheinen kleine, harmonische Lenkradwinkeleingaben als einfacher durch den Versuchsingenieur reproduzierbar.

Innerhalb des Kriteriums Lenkkraft werden verschiedene Aspekte des Lenkgefühls bzw. konkret des haptischen Feedbacks zum Fahrzustand über das Lenkrad beurteilt. Das Manöver besteht aus einer Sinuslenkwinkeleingabe bei einer Fahrgeschwindigkeit von konstant 60 km/h bei zwei verschiedenen Amplituden und Frequenzen.

Es werden dabei Absolutwerte und Zeitverhalten subjektiv beurteilt. So sind das Lenkkraftniveau, der Anstieg der Lenkkraft aus Null und das Mittengefühl Merkmale der Beurteilung. Das Zeitverhalten wird mit der Linearität der Lenkkraft über dem Lenkradwinkel beurteilt.

Ein hohes Niveau der Lenkkraft führt zu einer akzeptablen subjektiven Beurteilung, ebenso wie eine große Steigung aus Null, ein gleichmäßiger Anstieg des Lenkmoments über der Querbeschleunigung und dem Lenkradwinkel sowie ein Aufbau des Lenkmoments mit geringer Verzögerung. Analog zum Beurteilungskriterium Lenkansprechen kann von einem open-loop Manöver ausgegangen werden. Das Manöver wird im Mittel mit einer Amplitude von 12,2° und 3,5° bei einer Frequenz von 0,57 Hz und 1,02 Hz gefahren. Dabei streuen die Amplituden mit ca. 6 % und 8 % gering. Die Frequenzen streuen mit 14 % und 16 % etwas höher. Die Korrelationen zwischen Lenkradwinkelamplituden und Reifendimension oder Subjektivurteil sind stets gering ($|r_{Dim}| < 0{,}1$ und $|r_{BI}| < 0{,}1$, $p > 41$ %). Es wird daher kein Zusammenhang zwischen beiden Größen vermutet.

Der dritte Beurteilungspunkt im Bereich Lenkeigenschaften wird als Verlauf der Seitenführung bezeichnet. Das Manöver dieses Punkts ist ein Lenkwinkelsprung mit geringfügig höherer Dynamik als der Micro-Sinus des Beurteilungspunktes Lenkansprechen. Dabei ist ebenso das zeitliche Fahrzeugverhalten ein Merkmal der Beurteilung, das sog. Aufziehen. Darunter ist der Aufbau und Verlauf der Fahrzeugreaktion zu verstehen. Tritt kein oder geringes Aufziehen auf, so liegt ein lineares Anlenkverhalten vor. Dabei kommt es auf die Verzögerungen an, bis die Fahrzeugreaktion eintritt bzw. die stationäre Kurvengeschwindigkeit erreicht ist. Auch die Verstärkung der Reaktion nach Erreichen des stationären Wertes fließt in die Beurteilung ein. In der Subjektivbeurteilung wird auch von einer weichen Hinterachse gesprochen (zeitverzögert, nachdrängend sowie verzögerte Gier- bzw. Schwimmwinkelreaktion) bzw. ein sog. Aufziehen nach Lenkwinkelsprung bzw. möglichst zeitverzugsfreies Erreichen des Stationärwertes genannt.

Die verbale Beschreibung beinhaltet die Zeit bis zum Erreichen des stationären Fahrzustands (sog. Anlegen), die Verzögerung der Reaktion des Fahrzeugaufbaus (sog. Aufziehen) und den Aufbau der Seitenführung. Ein im Beurteilungspunkt Verlauf Seitenführung als in Ordnung beurteiltes Fahrzeug weist geringe Zeitverzüge der Fahrzeugreaktion sowie hohe Querreaktion bei geringer rotatorischer Fahrzeugbewegung auf. Objektiv lässt sich dabei das Manöver des Lenkwinkelsprungs durch Steigung und Differenzwert des Lenkradwinkels über die Zeit beschreiben. Das Manöver wird dabei geringer reproduzierbar gefahren als im Beurteilungskriterium Lenkansprechen.

Die Standardabweichung des Differenzwertes liegt bei etwa 25 %. Die Steigungen weichen vom Mittelwert mit ca. 18 % Standardabweichung ab. Es konnte hier auch nur ein geringer Zusammenhang zwischen Lenkradwinkeleingabe und dem Subjektivurteil sowie der Reifendimension ermittelt werden ($|r_{BI}| < 0{,}1$ und $|r_{Dim}| < 0{,}12$, $p > 4$ %). Die Verteilung der Subjektivbeurteilungen ist in Bild 3.5 dargestellt.

Kurvenfahrt

Hochdynamisch werden bei der Reifenfunktionsbeurteilung andere Manöver und Betriebspunkte genutzt. Hier steht die Sicherheit und Stabilität des Fahrzeugs im Vordergrund. Ein ausgewogenes Eigenlenkverhalten wird in der Entwicklung angestrebt.

Das Kriterium Kurvenverhalten im Grenzbereich beinhaltet die Kurvenfahrt quasi-stationär sowie instationär im Grenzbereich. Das Manöver wird mit Ein- und Durchfahrt einer Kehre mit konstantem Radius durchgeführt. Dabei wird bis Kurvengrenzgeschwindigkeit, also bis Erreichen des Kraftschlussmaximums, und ohne Regelsysteme gefahren.
Merkmale der Beurteilung sind der Kraftschluss bei maximaler Kurvengeschwindigkeit sowie das Eigenlenkverhalten bzw. die Stabilität. Ein Abfall

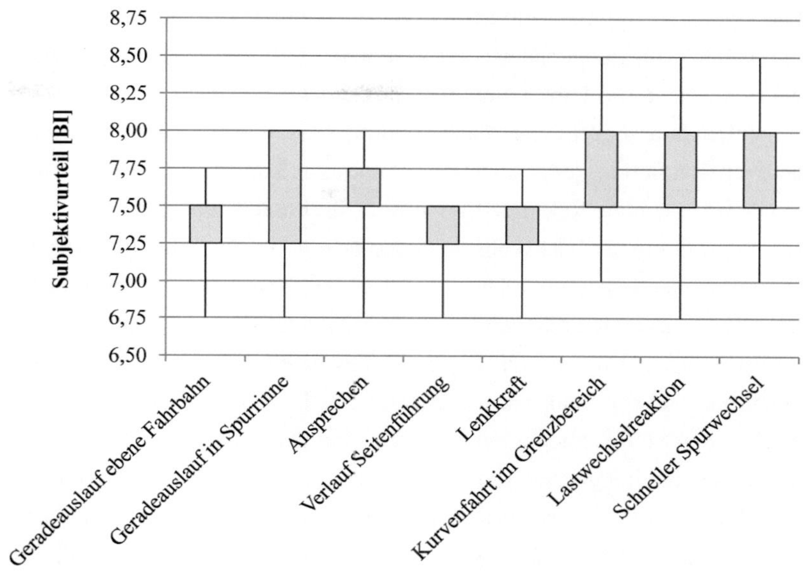

Bild 3.5.: Verteilung der Subjektivbeurteilungsnoten in Boxplot-Darstellung mit Minimum, Maximum, unterem und oberem Quartil

der Lenkkraft kann hier Indikator für das Erreichen des Kraftschlussmaximums sein. Besonders das Fahrverhalten im hochdynamischen Bereich muss leicht beherrschbar sein. Eine akzeptable Beurteilung wird bei hohem Kraftschlussmaximum, geringer Untersteuertendenz sowie hoher Stabilität und breitem Übergangsbereich vergeben.

Ein weiterer Beurteilungspunkt im Bereich Kurvenverhalten ist das Kriterium des schnellen Spurwechsels. Das Manöver zu diesem Beurteilungspunkt wird auf der Schnellfahrbahn durchgeführt und besteht aus abwechselndem Spurwechsel mit steigender Frequenz. Dabei ist das Manöver in zwei Teile zu teilen. Zunächst das Fahren unterhalb und dann oberhalb der Stabilitätsgrenze bis zum Abriss der Haftung. Ein aktives Gegenlenken durch den Fahrer wird bei letzterem notwendig.

Die subjektive Beurteilung erfolgt zu den Inhalten Lenkanbindung, Stabilität bzw. Gegenlenkbedarf. Als akzeptabel wird ein Fahrzeugverhalten beurteilt, wenn die Umsetzung der Lenkradwinkeleingabe direkt und der Gegenlenkbedarf gering ist. Nach [Kud00] weist dieses Manöver der subjektiven Beurteilung eine hohe Korrelation zur Landstraßenfahrt auf und hat damit eine hohe Relevanz für Normalfahrer und Kunden.

Die Beurteilung der Lastwechselreaktion erfolgt bei Durchfahrt einer Kehre mit konstantem Radius. Dabei erfolgt eine Gaswegnahme im 3. Gang bei einer Fahrgeschwindigkeit knapp unterhalb des Grenzbereichs. Subjektiv beurteilt werden dabei das Eindrehen des Fahrzeugs, der Schwimmwinkelaufbau und die Stabilität der Hinterachse bei Gaswegnahme, also bei Wirken des Motorschleppmoments. Für eine akzeptierte Beurteilung soll das Fahrzeug eine geringe Eindrehtendenz, einen geringen Schwimmwinkelaufbau, keinen Abriss der Haftung und geringen Gegenlenkbedarf aufweisen. Bei diesem Manöver ist von einem closed-loop auszugehen, da der Fahrer den Lenkradwinkel reifenspezifisch anpassen muss. Dies gilt sowohl vor als auch nach Haftungsabriss innerhalb des Manövers.

3.2.3. Redundanz der Beurteilungskriterien

Zum weiteren Verständnis der Reifensubjektivbeurteilung ist die Kenntnis der Verknüpfung der Kriterien untereinander erforderlich. Bei signifikanter inhaltlicher Überschneidung der Kriterien ist deren Umfang zu reduzieren, um Redundanz zu vermeiden. So ergab die statistische Untersuchung, dass insbesondere das Kriterium Verlauf Seitenführung mit dem Kriterium Lenkansprechen hoch korreliert ist.

Inhaltlich weisen in zwei Blöcken jeweils folgende Kriterien Überschneidung auf:

- Beurteilung der Anfälligkeit bezüglich Störeinträgen in den beiden Beurteilungspunkten des Geradeauslaufs sowie

- Beurteilung des Zeitverhaltens in den Beurteilungspunkten Lenkansprechen, Verlauf Seitenführung und schneller Spurwechsel.

In Tabelle A.2 im Anhang sind die statistischen Verknüpfungen der Kriterien bei Beurteilung durch einen Versuchsingenieur dargestellt. Die Irrtumswahrscheinlichkeit ist dabei jeweils $p < 0{,}001$ %. Daraus ist eine Empfehlung zur subjektiven Beurteilung abzuleiten, da einige Beurteilungspunkte hoch korreliert sind. Insbesondere die Grenzbereichskriterien sind mit bis über $r_\# = 0{,}9$ statistisch verknüpft und es liegt nahe, diese zusammenzufassend zu betrachten. Allerdings beziehen sich diese Daten nur auf die Reifenentwicklung eines Fahrzeugs. Im Rahmen weiterer Fahrzeugprojekte könnte der Stellenwert dieser Kriterien größer sein und diese auch eine ausgeprägtere Unabhängigkeit aufweisen. Im Rahmen dieser Arbeit werden daher sämtliche Kriterien betrachtet.

4. Objektive Messung auf Fahrzeugebene

Als weiterer essentieller Bestandteil zur Untersuchung des Subjektiv-Objektiv-Zusammenhangs ist die Messung und Aufzeichnung der Fahrzeugbewegung zu sehen. So wurden zunächst zu jeder Beurteilungsfahrt die Fahrereingabegrößen sowie eine Reihe die Fahrzeug- und Aufbaubewegung beschreibende Größen gemessen und aufgezeichnet. Aus diesen Messgrößen konnten im Anschluss Kennwerte extrahiert werden, um sie mit dem Subjektivurteil in Zusammenhang zu bringen.

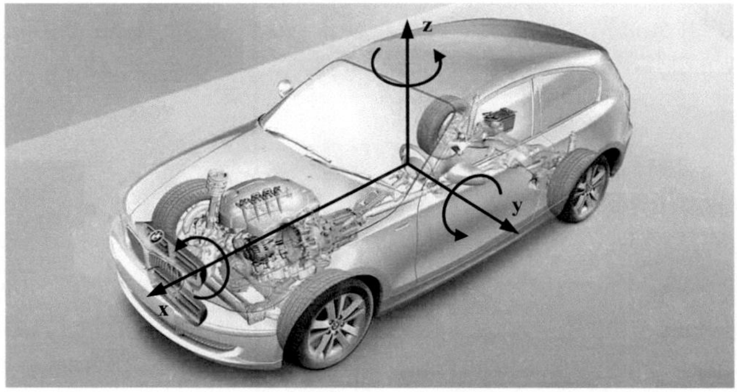

Bild 4.1.: Bewegungsrichtungen am Fahrzeug (Quelle: BMW Group)

Es liegen drei rotatorische und drei translatorische Freiheitsgrade am Fahrzeug vor. Die Benennung der Bewegungsrichtungen, wie sie auch in dieser Arbeit verwendet wird (vgl. Bild 4.1), entspricht [DIN94].
Die Fahrzeugbewegungsmessung erfolgte zeitgleich zur Durchführung der subjektiven Fahrfunktionsbeurteilung. Dabei wurde weder auf separat durchgeführte Ersatzmanöver, wie bspw. in [Dec09], noch auf die Verwen-

dung einer Lenkmaschine zurückgegriffen. Dieses Vorgehen soll eine hohe Übereinstimmung zwischen Beurteilung und aufgezeichneter Fahrzeugbewegung gewährleisten. Wiederholungen einzelner Messungen waren so jedoch nur begrenzt möglich. Daher mussten einzelne Beurteilungsfahrten ausgeschlossen werden, wenn nicht in vergleichbaren Betriebspunkten gefahren wurde [Mas12].

Eine hohe Anzahl an Fahrzuständen werden durch eine Beurteilungsfahrt abgedeckt. So durchfährt der beurteilende Versuchsingenieur stets die Betriebspunkte vom Stand bis zum Kraftschlussmaximum. Für den Versuchsingenieur ist es notwendig, gleiche Betriebspunkte für seine Beurteilung der definierten Kriterien heranzuziehen. Diese Betriebspunkte können ohne signifikante Beeinträchtigung der Qualität des Subjektivurteils geringfügig variieren. Für eine Vergleichbarkeit auf Messdatenbasis ist hingegen ein exaktes Übereinstimmen der Betriebspunkte erforderlich. Diesem Sachverhalt trägt eine Messdatenvorverarbeitung mittels Modellanpassung nach [Mas12] [Zey10] [Buc09] Rechnung, worauf im Weiteren noch eingegangen wird.

4.1. Erzeugung der Datenbasis

Um die Verknüpfung zwischen subjektiver Beurteilung und objektiven Kenngrößen herstellen zu können, mussten zunächst Daten auf Fahrzeugebene zu jeder Beurteilungsfahrt erzeugt werden. Dazu wurde bei den Untersuchungen im Rahmen dieser Arbeit eine im Fahrzeug verbaute Messtechnik genutzt. Auf umfangreichere Ausrüstung zur Fahrzeugmessung wurde bewusst verzichtet, da umfangreichere Messtechnik zu einer Beeinflussung der subjektiven Beurteilung führen kann. Die Messung und Aufzeichnung der Bewegungsdaten erfolgte durch fahrzeugeigene Systeme sowie einem Gerät zur Datenaufzeichnung mit geringer Baugröße. Die Systemspezifikationen und -eigenschaften werden im Weiteren erläutert.

4.1.1. Messsystem und -durchführung

Messtechnisch erfasste Fahrzeugeingabe- sowie -reaktionsgrößen waren:

- Fahrgeschwindigkeit über Raddrehzahl,

- Lenkradwinkel,

- Lenkradmoment,

- Giergeschwindigkeit und

- Querbeschleunigung des Aufbaus

- Gang

Sämtliche Messgrößen wurden über fest im Fahrzeug verbaute, fahrzeugeigene Sensorik bestimmt, d. h. es wurde keine zusätzliche Systeme in den Versuchsfahrzeugen installiert. Dabei konnte über die Raddrehzahl die Fahrgeschwindigkeit bestimmt werden (ohne Schlupfkorrektur). Genutzt wurden aktive Drehzahlsensoren, die nach dem magnetoresistiven Prinzip arbeiten, d. h. über eine Änderung des elektrischen Widerstandes unter Einfluss eines Magnetfeldes, die Drehzahl bestimmen.

Die Messgrößen Lenkradwinkel und -moment konnten über das Lenksystem bestimmt werden. In jedem der verwendeten Versuchsfahrzeuge handelte es sich um ein elektrisch arbeitendes System [Pfe11]. Über einen Lenkradwinkelsensor konnte der Drehwinkel des Lenkritzels bestimmt werden. Ein Momentensensor im Lenksystem lieferte das durch den Fahrer aufgebrachte Lenkmoment.

Die Größen Giergeschwindigkeit und Querbeschleunigung wurden von dem im Fahrzeug verbauten ESP-Sensoreinheit bereitgestellt. Im ESP-Sensoreinheit sind zwei Beschleunigungssensoren verbaut, dessen seismische Massen bei Drehung bzw. Beschleunigung ausgelenkt werden. Die Kraft dafür führt zu einer Ladungsverschiebung im Piezoelement, wodurch eine elektrische Spannung und damit ein Beschleunigungssignal erzeugt wird. Aus der Differenz der Beschleunigungswerte beider Aufnehmer kann die Giergeschwindigkeit errechnet werden. Ebenso wird die auf den Fahrzeugschwerpunkt umgerechnete Querbeschleunigung bestimmt.

Sämtliche gemessenen Signale wurden auf dem Fahrzeugbus verfügbar gemacht und mittels Datenrekorder aufgezeichnet (vgl. Bild 4.2). Die Abtastrate der Daten betrug dabei mindestens 50 Hz. Die Auswertung sowie Ableitung objektiver Fahrdynamikgrößen erfolgte in der Nachbereitung der Daten.

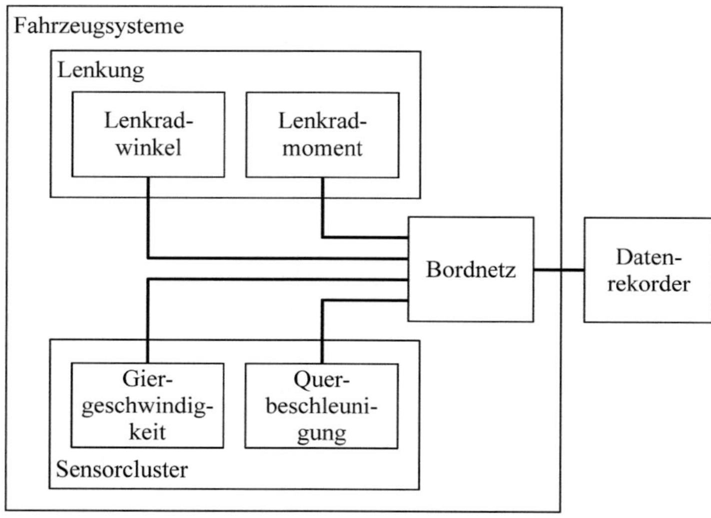

Bild 4.2.: Schematische Darstellung der im Versuchsfahrzeug verwendeten Messkette

Es kann eine Überprüfung der Genauigkeit der verwendeten Messkette durch den Vergleich mit einer Messkette höherer Genauigkeit erfolgen. Die absoluten Genauigkeiten der Sensorik sind für vergleichende Auswertungen, wie sie im Rahmen dieser Arbeit durchgeführt werden, ohne größere Bedeutung. Die Spezifikationen der verwendeten Sensorik können Tabelle A.3 im Anhang entnommen werden.

Ermittelte Messabweichung

Um den systematischen Fehler zu bestimmen wurde ein Vergleich mit Messwerten einer Inertialmessplattform bei verschiedenen Manövern, über mehrere Durchgänge gemittelt, durchgeführt. Da eine Messung stets mit Fehlern behaftet ist, muss geprüft werden, ob die Güte der Messung für den Zweck ausreicht. Dabei sind systematische und zufällige Abweichungen zu unterscheiden. Systematische Abweichungen, die über die Zahl der Messungen konstant sind, wie Konstantabweichung oder Skalierung, beeinträchtigen hier nicht das Ergebnis, da durchwegs Messungen dieses Fahrzeugs verglichen werden. Die zufällige Abweichung ist nicht reproduzierbar und verursacht Streuung. Dies erschwert somit die Korrelationsfindung. Hier kann wiederholtes Messen sowie die anschließende Mittelung die Genauigkeit erhöhen. Insbesondere die Auswertung durch Erzeugung einer linearen Übertragungsfunktion ist daher geeignet.

Ein Vergleich der Übertragungsfunktion in Amplitude und Phase zwischen Lenkradwinkel und Aufbauquerbeschleunigung, ermittelt mit verschiedenen Messsystemen, ist im Anhang in Tabelle A.4 gegeben. Dabei wird das Manöver Sinuslenken mit einer Frequenz von 1 Hz und einer Amplitude von 3° bzw. 6° Lenkradwinkel bei einer Fahrgeschwindigkeit von $v = 80$ km/h durchgeführt.

Die Daten wurden jeweils aus drei Messungen bei einer Messfahrt gemittelt. Auffällig ist die Abweichung in der Phase. Dies ist auf den Verbauort und eine fehlerbehaftete Rückrechnung auf den Schwerpunkt zurückzuführen.

Unterschiede zwischen den Messungen, nicht die absolute Genauigkeit, sind von primärer Bedeutung im Hinblick auf den Subjektiv-Objektiv-Zusammenhang. In einer aus den Messdaten abgeleiteten Objektivgröße sind zwei Streuungsanteile vorhanden:

- erklärbare Varianz und

- unerklärbare Varianz.

Die nicht erklärbare Varianz setzt sich aus verschiedenen Einflüssen zusammen. So ist das Fahrzeugverhalten nie vollständig identisch. Einflussfaktoren wie Kraftstofffüllstand, Verschleiß, Temperaturverteilung und -verhalten im Fahrwerk, Reifenzustand und -temperaturverteilung führen zu abweichender Fahrdynamik. Auch die Fahrbahntemperatur, -beschaffenheit oder -nässe sowie die Umgebung mit Lufttemperatur und -feuchte beeinflussen diese. Die Historie der Fahrmanöver einer Beurteilungsfahrt hat ebenso Einfluss. Der Ablauf einer Beurteilungsfahrt sollte daher stets gleich ablaufen. Darüber hinaus gelingt es dem Versuchsingenieur nicht immer exakt identische Betriebspunkte anzufahren. Messungenauigkeiten durch mangelnde Reproduzierbarkeit kommen hinzu. Amplitudenwerte und Phasenabweichung zur Beurteilung der Reproduzierbarkeit der Versuche mit der verwendeten Messtechnik sind in Tabelle 4.1 beispielhaft dargestellt. Die Messkette besteht aus Sensoreinheit, Lenksystem, Fahrzeugbus, Datenaufzeichnung und -verarbeitung. Die Werte beinhalten das gesamte Messsystem, also nicht nur die Messkette selbst, sondern auch weitere Einflüsse, wie Betankungsstand, Alterung, Temperaturverteilung, Fahrer und Fahrbahnbeschaffenheit. Die Fahrgeschwindigkeit ist nicht bei jeder Messfahrt exakt gleich. So wird diese per Geschwindigkeitsregelanlage vom beurteilenden Versuchsingenieur manuell eingestellt und unterliegt daher geringen Abweichungen.

Durchgeführt werden die Versuche mit dem selben Fahrzeug sowie der selben Reifenspezifikation auf zwei ähnlichen Strecken und vergleichbaren Bedingungen. Eine Anzahl an Messungen bei konstanten Bedingungen wurde durchgeführt. Diese wurden verglichen, um die Wiederholgenauigkeit der Messwerte festzustellen. So wurde ein Sinuslenken bei 80 km/h als Manöver genutzt und bei einer Lenkradwinkelamplitude von $3°$ und einer Frequenz von 1 Hz ausgewertet. Dieses Manöver ist geeignet, die Wiederholgenauigkeit festzustellen, da es reproduziert gefahren wird und eine geringe Fahrzeugreaktion hervorruft. Es kann geschlussfolgert werden, dass für den Zweck ausreichend hohe Wiederholgenauigkeit vorliegt.

		Beispielreifen R16	Beispielreifen R17
Anzahl Messungen		5 (1)	8 (1)
Übetragungsfunktion		Zweifache Standardabweichung bezogen auf Mittelwert	
Lenkwinkel - Lenkmoment	Amplitude	10 % (1 %)	9 % (2 %)
	Phase	9 % (1 %)	10 % (4 %)
Lenkwinkel - Giergeschwindigkeit	Amplitude	6 % (2 %)	3 % (3 %)
	Phase	10 % (2 %)	6 % (7 %)
Lenkwinkel - Querbeschleunigung	Amplitude	7 % (1 %)	6 % (5 %)
	Phase	9 % (2 %)	8 % (5 %)

Tabelle 4.1.: Reproduzierbarkeit der Messung mit genutzter Messtechnik sowie im Vergleich mit der Messkette höherer Genauigkeit (Werte in Klammern)

In Tabelle 4.1 ist die Streuung der Objektivwerte bei Verwendung der genannten Messtechnik in einem Fahrzeug und mit einem Reifentyp dargestellt. Die Messungen wurden an verschiedenen Tagen durchgeführt und stellen die größtmögliche Streuung dar. Die Werte stellen jeweils die zweifache Standardabweichung bezogen auf den Mittelwert bei wiederholtem Sinuslenken innerhalb einer Messung bzw. gemittelt über mehrere Messungen dar. Vergleichend dazu sind Wiederholgenauigkeitswerte der Messkette mit Inertialplattform sowie Lenkmaschine angegeben. Diese Messtechnik bestimmt die entsprechende Fahrzeugbewegungsgröße mit höherer Präzision, ist jedoch auch größer und aufwändiger im Betrieb und daher in Verbindung mit einer Subjektivbeurteilung bedingt einsetzbar. Zusätzlich ist in diesem Fall das Manöver maschinell gefahren, mit Hilfe der Lenkmaschine, also ohne Fahrereinfluss. Diese Werte beziehen sich jedoch auf jeweils eine Messfahrt mit jeweils drei Wiederholungen, die direkt hintereinander durchgeführt wurden. Sie stellen den Bestfall dar, wie er mit aufwändiger Messtechnik und voll reproduziertem Manöver möglich wäre. Fehlerursachen sind dann lediglich ein geringerer Messfehler sowie Fahrbahn und Umwelt.

Es wird gefolgert, dass großen Wert auf ähnliche Versuchsbedingungen zu legen ist. Ebenso ist eine hohe Anzahl an Varianten für eine belastbare Subjektiv-Objektiv-Analyse notwendig. Die Messsignale sind mit Störungen behaftet, daher müssen die aufgezeichneten Signale gefiltert werden, um den Nutzanteil auswerten zu können. In der Regel gelingt das Glätten, also das Entfernen des höherfrequenten Störanteils über eine Tiefpass-Frequenzfilterung. Auch ein niederfrequenter Drift der Signale tritt auf, der mittels Hochpassfilter entfernt werden kann. Eine mögliche Konstantabweichung, durch bspw. die Fahrbahnneigung verursacht, wird so entfernt. Weitere Größen sind aus den durch Messung gewonnenen Signalen zu berechnen. So gilt mit dem Radlenkwinkel vorn δ_v und dem Schwimmwinkel β linearisiert der Zusammenhang:

$$\sin(\delta_v - \beta) \approx \delta_v - \beta \tag{4.1}$$

und

$$\cos(\delta_v - \beta) \approx 1 \tag{4.2}$$

Damit sind kleine Schwimmwinkel unter der Bedingung $a_y \, cos(\beta) \approx a_y$ bestimmbar. Der Schwimmwinkel, wie er in den hier behandelten Manövern auftritt, ist $< 5°$ und damit die resultierende Abweichung $< 0,4\,\%$. Mit der Annahme, dass die Bahngeschwindigkeit näherungsweise konstant ist, gilt für die Schwimmwinkelgeschwindigkeit $\dot{\beta}$ dann der Zusammenhang

$$a_y = v(\dot{\beta} + \dot{\psi}) \tag{4.3}$$

Des Weiteren werden der Schwimmwinkel β und der Gierwinkel ψ jeweils durch Zeitintegration der Größen Schwimmwinkelgeschwindigkeit $\dot{\beta}$ und Giergeschwindigkeit $\dot{\psi}$ gewonnen. Insbesondere bei harmonischen Lenkradwinkeleingaben lässt sich ein Signaldrift entfernen.

4.1.2. Einflussuntersuchung Fahrzeugwankbewegung

Es ist festzustellen, dass das Wankverhalten eines Fahrzeugs durch die Spreizung der hier einbezogenen Reifeneigenschaften nur sehr geringfügig beeinflusst wird, da die Auswertung verschiedener Messungen und Manöver keinen signifikanten Einfluss des Reifens auf das Wankverhalten des Fahrzeugaufbaus zeigt. Die Schätzung auf Basis der Steifigkeiten der Einzelbauteile führt zu ähnlichem Ergebnis. Die Unterschiede liegen unterhalb der menschlichen Wahrnehmungsschwelle, wie im Weiteren gezeigt werden kann. Somit ist das Wankverhalten im Rahmen dieser Arbeit in den Subjektiv-Objektiv-Zusammenhang nicht einzubeziehen.

Im Allgemeinen wird die Wankbewegung des Aufbaus durch die Seitenkraft, des Abstands zwischen Wankpol und Schwerpunktshöhe, der translatorischen und rotatorischen Trägheit des Aufbaus sowie der Wanksteifigkeit und -dämpfung bestimmt. Lediglich die beiden letzteren können durch die Vertikaleigenschaften des Reifens beeinflusst werden. Die Beziehung zwischen der Querbeschleunigung und dem Wankwinkel lässt sich über eine Transferfunktion beschreiben.

Auf das verwendete Fahrzeug bezogen, mit Amplitude und Phase als beschreibende Größen, zeigt Bild 4.3 ein mit der Querbeschleunigung annähernd proportionales Wankverhalten mit einem Hystereseneffekt. Für die Subjektiv-Objektiv-Korrelation ist ein aufbaufestes Querbeschleunigungssignal notwendig.

Es ist zu bemerken, dass bei unterschiedlichen Reifen die Übertragungsfunktion zwischen Querbeschleunigung und Wankwinkel hohe Ähnlichkeit aufweist. Sogar bei Fahrt mit Reifen mit stark unterschiedlicher Vertikalfedersteifigkeit treten nur geringe Unterschiede in Amplitude und Phase des Wankwinkels auf.

So ergab der Fahrversuch, dass subjektiv kein Unterschied in der Wankwinkelamplitude wahrnehmbar ist [Vog11]. Um dies zu bestätigen, wurde der Einfluss ebenfalls messtechnisch im Fahrversuch analysiert. Dazu

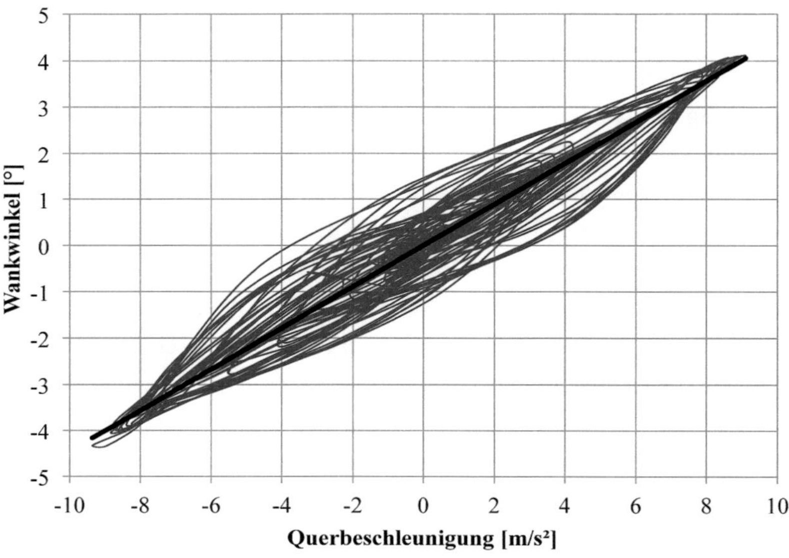

Bild 4.3.: Wankverhalten des Referenzfahrzeugs mit einem 205/55 R16 Beispielreifen

wurden mittels Inertialmessplattform die Größen Querbeschleunigung und Wankwinkel körperfest jeweils messtechnisch bestimmt. Drei in Dimension und Eigenschaften unterschiedliche Reifensätze kamen zum Einsatz, deren Wankübertragungsfunktionen vergleichend in Bild 4.4 dargestellt sind. Die Dimensionen der drei Beispielbereifungen sind 205/55 R16, 225/45 R17 und 225/40 R18 - 245/35 R18 (Mischbereifung). Das Amplitudenverhalten ist bei den genannten drei Reifen sehr ähnlich. So betragen die Unterschiede weniger als 1 %. Dies gilt stationär und über einen breiten Frequenzbereich. Vergleichend kann das Phasenverhalten zwischen Lenkradwinkel und Querbeschleunigung bei einer Fahrgeschwindigkeit von $v = 80$ km/s betrachtet werden. Die Phase beträgt bei 1 Hz im Betrag ca. 0,78 rad also ca. 0,12 s. Die Werte des Phasenverhaltens zwischen Querbeschleunigung und Wankwinkel hingegen liegen bei maximal 0,0016 s, also

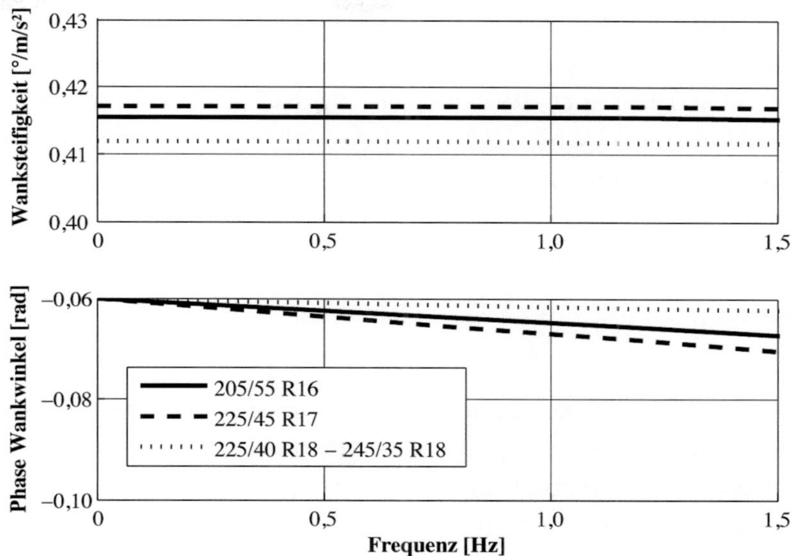

Bild 4.4.: Übertragungsfunktion Wankverhalten

bei ca. 2,5 % des Zeitverzugs zwischen Fahrereingabe und Querbeschleunigungsaufbau. Diese Unterschiede im Phasenverhalten sind subjektiv nicht auflösbar (vgl. Abschnitt 3) und somit wird auch das Phasenverhalten als nicht unterschiedlich angenommen.

Diese Erkenntnis ist von Bedeutung, da ein Einfluss des Wankwinkels auf weitere Fahrzeugbewegungsgrößen besteht. So wird im Fahrzeug auftretende Querbeschleunigung bekanntermaßen durch das Gleichgewichtsorgan im Kopf des Fahrers wahrgenommen. Dazu ist zunächst das fahrzeugseitige Wankverhalten im Schwerpunkt zu bestimmen, um die gemessene Querbeschleunigung auf Kopfposition zu transformieren. Ist jedoch das Wankverhalten durch den Reifen unveränderlich, kann mit einer Umrechnung die auf den Kopf des Fahrers bezogene Querbeschleunigung für jede Messfahrt mit diesem Fahrzeug berechnet werden. Näherungsweise wird im Weiteren unabhängig von der Reifencharakteristika eine Wankübertragungsfunktion identifiziert. Das Wankverhalten, in Form einer Wankdifferentialgleichung, kann dann entsprechend berücksichtigt werden. Werte der Eigenschaften wie Wanksteifigkeit C_x, Wankdämpfung D_x sowie die Trägheit des Aufbaus J_x werden angepasst, sodass zu jedem Fahrzustand ein Wankwinkel ϕ rechnerisch zu bestimmen ist. Die Wankdiffenrentialgleichung hat die Form:

$$M_{x,Aufbau} = J_x \, \ddot{\phi} + D_x \, \dot{\phi} + C_x \, \phi \qquad (4.4)$$

mit

$$M_{x,Aufbau} = m_{Aufbau} \, h_w \, a_y \qquad (4.5)$$

und der Masses des Aufbaus m_{Aufbau}, der Höhe des Rollzentrums h_w und der Querbeschleunigung a_y. Dabei wird die Höhe des Rollzentrums h_w vereinfachend als konstant angenommen und das Trägheitsmoment J_x mit $J_x = m_A \, h_w^2$ abgeschätzt [MT08] [Mit04].

4.1.3. Anpassung der Fahrzeugbewegungsdaten

Nun ist es möglich aus der aufbaubezogenen Querbeschleunigung ein horizontiertes, um den Erdbeschleunigungsanteil bereinigtes Signal zu berechnen. Dies ist nicht für die Subjektivkorrelation relevant, ist im Weiteren jedoch von Interesse.

Nachdem gezeigt wurde, dass das Wankverhalten über die Reifenbandbreite als ähnlich anzunehmen ist, kann in Abhängigkeit der Querbeschleunigung für jede Messung ein Wankwinkelverlauf und dessen Ableitungsgrößen berechnet werden. Die auf der Fahrerkopfposition auftretende Querbeschleunigung ist so zu bestimmen.

Dazu erfolgt die Umrechnung nach folgendem Zusammenhang:

$$\vec{a}_{Kopf} = \vec{a}_{Fzg} + \dot{\vec{\omega}} \times \vec{r}_{Kopf} + \vec{\omega} \times (\vec{\omega} \times \vec{r}_{Kopf}) \qquad (4.6)$$

mit

$$\vec{a}_{Fzg} = \begin{bmatrix} a_{x,Fzg} \\ a_{y,Fzg} \\ a_{z,Fzg} \end{bmatrix} \qquad \vec{\omega} = \begin{bmatrix} \dot{\varphi} \\ \dot{\theta} \\ \dot{\psi} \end{bmatrix} \qquad \vec{r}_{Kopf} = \begin{bmatrix} r_{x,Kopf} \\ r_{y,Kopf} \\ r_{z,Kopf} \end{bmatrix}$$

Für den Abstand zwischen Kopf des Fahrers und Schwerpunkt wurden folgende Werte verwendet:

- $r_x = -252$ mm,

- $r_y = 332$ mm und

- $r_z = 631$ mm.

Damit ist die Beschleunigung auf Fahrerkopfposition zu bestimmen und für die Korrelation zu verwenden.

Auch der menschliche Wahrnehmungsprozess kann in der Auswertung objektiver Fahrdynamikgrößen Berücksichtigung finden. Jedoch wurde bereits gezeigt, dass ein umfassendes Modell der Sinnes- und Wahrnehmungsorgane keine wesentliche Verbesserung der Korrelationen zur Folge hat [Sch10].

4.1.4. Messdatenvorverarbeitung mittels Modellfilter

In den beschriebenen Versuchsfahrten der Reifensubjektivbeurteilung können, bedingt durch das freie Fahren, Fahrzeug- und Reifenbetriebspunkte nicht exakt wiederholt angefahren werden. Dem Versuchsingenieur ist es hier trotzdem möglich, reproduzierbar zu beurteilen. Probleme treten jedoch bei Auswertung der gemessenen Signale auf, da Objektivwerte nur dann vergleichbar sind, wenn bei gleichem Betriebspunkt ausgewertet wird. Daher erscheint es sinnvoll, ein Fahrdynamikmodell an die gemessene Fahrzeugantwort anzupassen, Modellparameter zu bestimmen und ausgewählte Manöver zu berechnen. So wird die Vergleichbarkeit der Objektiv-werte sichergestellt.

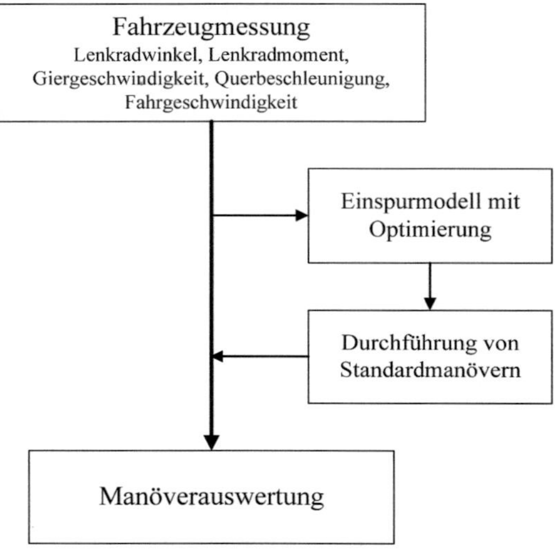

Bild 4.5.: Ablauf Manöveranpassung

Der Ablauf dieser Prozedur ist in Bild 4.5 schematisch dargestellt. Ähnli-ches Vorgehen ist in [Mas12] [Zey10] [Buc09] [Pre07] zu finden. Durch dieses Vorgehen ist die Information der Fahrzeugmessung vollständig im angepassten Einspurmodell (mit Wankaufsatz) enthalten. Dabei ist zu be-merken, dass die Parameter keinen Bezug zu den realen Werten auf Bau-teilebene haben. So ist die gesamte Kette der Kraftübertragung zwischen Reifen und Fahrzeug über die Räder, Lagerung und Achsen in einem Stei-figkeitswert enthalten. Damit kann die Information einer Messung auf einen festen Betriebspunkt bezogen werden. Besonders von Vorteil ist diese Art der Auswertung für open loop Manöver mit hohen Betriebspunktabwei-chungen, wie bspw. die Manöver der Kriterien Lenkkraft oder Verlauf Sei-tenführung.

Das genutzte Fahrdynamikmodell, ein Einspurmodell, wurde bereits vielfach, so bspw. in [Rie40] und [Vie08], vorgestellt und ausführlich beschrieben. Mit Nutzung eines Fahrdynamikmodells wird es möglich, das querdynamische Verhalten eines Fahrzeugs im niedrigdynamischen Bereich vereinfacht abzubilden. Dabei werden die beiden Spuren auf eine zusammengefasst und der Schwerpunkt liegt auf Fahrbahnhöhe. Die Radkräfte F_L und F_S sowie die Radschräglaufsteifigkeit c_α werden als Achswerte ausgedrückt und enthalten auch das elastokinematische Verhalten. Der Längskrafteinfluss auf die Querdynamik wird vernachlässigt. Radlenkwinkel an der Vorderachse δ_v und Schwimmwinkel β werden linearisiert sowie die effektive Schräglaufsteifigkeit c_α und der Betrag der Fahrgeschwindigkeit v als konstant angenommen. Es wird ausschließlich von einer gelenkten Vorderachse ausgegangen.

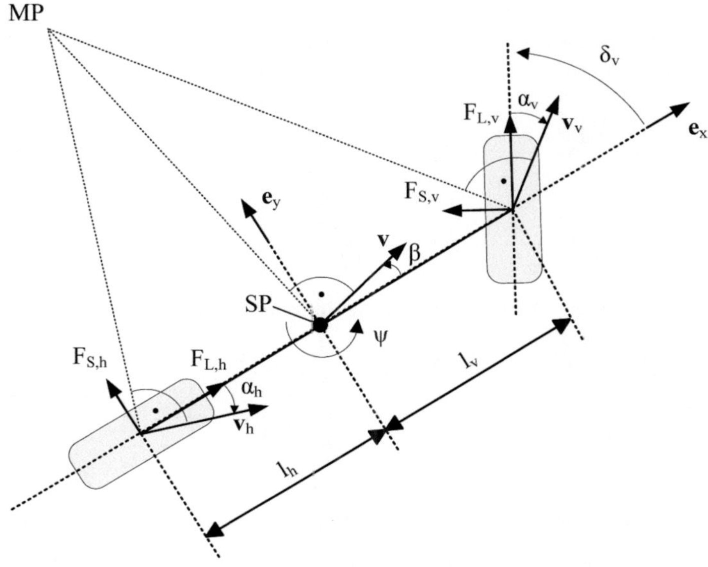

Bild 4.6.: Einspurmodell mit Kraft- und Bewegungsvektoren

Kräfte- und Momentenbilanz des Einspurmodells nach Bild 4.6 ergeben sich zu

$$\sum F_y = m\, a_y \tag{4.7}$$

und

$$\sum M = J_z\, \ddot{\psi} \tag{4.8}$$

Mit den Achsquerkräften bei Näherung für kleine Radlenkwinkel $\cos \delta_v \approx 1$

$$F_{y,v} = c_{\alpha,v}\, (\delta_v - \beta - \frac{l_v \dot{\psi}}{v}) \tag{4.9}$$

und

$$F_{y,h} = c_{\alpha,h}\, (-\beta + \frac{l_h \dot{\psi}}{v}) \tag{4.10}$$

sowie der Gleichung

$$a_y = v\, (\dot{\beta} + \dot{\psi}) \tag{4.11}$$

können die zwei Zustandsgrößen in Abhängigkeit des Radlenkwinkels δ_v aus

$$\dot{\beta} = -\frac{c_{\alpha,v} + c_{\alpha,h}}{mv}\beta + (\frac{c_{\alpha,h}l_h - c_{\alpha,v}l_v}{mv^2} - 1)\dot{\psi} + \frac{c_{\alpha,v}}{mv}\delta_v \tag{4.12}$$

$$\ddot{\psi} = \frac{c_{\alpha,h}l_h - c_{\alpha,v}l_v}{J_z}\beta - \frac{c_{\alpha,v}l_v^2 + c_{\alpha,h}l_h^2}{J_z v}\dot{\psi} + \frac{c_{\alpha,v}l_v}{J_z}\delta_v \tag{4.13}$$

berechnet werden. Das Differentialgleichungssystem lautet damit:

$$\begin{bmatrix} \dot{\beta} \\ \ddot{\psi} \end{bmatrix} = \begin{bmatrix} -\frac{c_{\alpha,v}+c_{\alpha,h}}{mv} & \frac{c_{\alpha,h}l_h-c_{\alpha,v}l_v}{mv^2} - 1 \\ \frac{c_{\alpha,h}l_h-c_{\alpha,v}l_v}{J_z} & -\frac{c_{\alpha,v}l_v^2+c_{\alpha,h}l_h^2}{J_z v} \end{bmatrix} \begin{bmatrix} \beta \\ \dot{\psi} \end{bmatrix} + \begin{bmatrix} \frac{c_{\alpha,v}}{mv} \\ \frac{c_{\alpha,v}l_v}{J_z} \end{bmatrix} \delta_v \tag{4.14}$$

Mittels Qualitätskennzahlen ist anschließend zu beurteilen, wie gut die Messung durch das Fahrdynamikmodell abgebildet werden kann. Hier können bspw. die normierte Abweichung zwischen den Bewegungsgrößen aus Modell und Messung herangezogen werden [Mas12]. Datensätze, die einen Schwellenwert nicht erreichen, werden in die Subjektiv-Objektiv-

Untersuchung nicht einbezogen. Auch das Verhältnis aus Wiederholgenauigkeit und Unterschied zwischen den Fahrzeugvarianten kann als Qualitäts-
kennwert genutzt werden [Hun12].

4.2. Messdatenauswertung

Zur Verarbeitung der gemessenen Signale sind mehrere Schritte notwendig.
Zunächst müssen die Abschnitte der gefahrenen Manöver aufgrund des Da-
tenumfangs automatisiert erkannt, dann die Signale gefiltert und aufbereitet
sowie anschließend Objektivkenngrößen berechnet werden.

4.2.1. Manövererkennung

Eine Erkennung der auszuwertenden Abschnitte bei frei gefahrenen Manövern ist der erste Schritt der Messdatenauswertung im Rahmen dieser
Untersuchung. Der beurteilende Versuchsingenieur hat zur Subjektivbeurteilung die Möglichkeit, die Ersatzmanöver frei zu fahren. Auf reproduzier-
te Durchführung der Fahrversuche wurde im Rahmen dieser Arbeit Wert
gelegt. Dies ermöglicht es erst, das Fahrzeugverhalten veschiedener Varianten vergleichen zu können. Um also Objektivwerte aus der Messung extrahieren zu können und diese dann auf Korrelation mit dem Subjektivurteil hin zu untersuchen, muss der entsprechende Abschnitt in der Messauf-
zeichnung gefunden werden [Gri11]. Diese Abschnittserkennung wird in
dieser Arbeit über Geschwindigkeits- und Lenkradwinkeldefinitionen und
-verläufe realisiert.

Manöverabhängig wurden aus den gemessenen bzw. berechneten Signalen
Lenkradwinkel, Lenkmoment, Giergeschwindigkeit und -beschleunigung,
Querbeschleunigung sowie Schwimmwinkel und -geschwindigkeit Objektivwerte ermittelt. Für die Manöver des Geradeauslaufs sind diese Objektivwerte Durchgänge, Effektivwerte und spektrale Leistungsdichten. Bereits in [Dep89] werden einige Objektivwerte in Bezug auf das Geradeauslaufverhalten vorgeschlagen. Für das Lenkverhalten sind es Frequenzdaten

bzw. Übertragungsfunktionen mit Amplitude und Phase sowie Zeitverzüge aus den Zeitdaten und Hysteresen und deren beschreibende Größen.

Für Manöver der Kurvenfahrtkriterien wurden zusätzlich Maximalwerte sowie Differenzwerte ausgewertet. Die Auswertung der Objektivwerte wurde an [ISO03a] [ISO06] [ISO03b] [ISO96] angelehnt, worauf im Weiteren noch im Detail eingegangen wird.

Des Weiteren ist festzustellen, dass Objektivwerte eine teils große Abhängigkeit zu bei den Messfahrten herrschenden Aussentemperaturen aufweisen. So nimmt bspw. der Phasebetrag zwischen Lenkwinkel und Querbeschleunigung im Sinuslenkmanöver des Lenkansprechens mit steigender Aussentemperatur zu [Gut11]. Zur Verbesserung der Korrelation und der Regressionsmodelle wurden ausgewertete Objektivwerte um diesen Einfluss bereinigt.

4.2.2. Messdatenbereinigung

Es zeigt sich die Notwendigkeit, Einzelkorrelationen von Ausreißern zu befreien. Sind Objektivwerte vom gesamten Umfang der Messungen ausgewertet, müssen diese ebenfalls von Ausreißern bereinigt werden. Ein Grund für das Auftreten von Ausreißern liegt darin, dass Manöver in den Beurteilungsfahrten teilweise nicht oder nur in geringer Anzahl wiederholt werden konnten. Werte, die über einen definierten Wertebereich hinaus gehen, wurden aus dem Datensatz entfernt und im Weiteren nicht berücksichtigt. Als Schwellenwert wurde i. d. R. die dreifache Standardabweichung, jedoch unter der Berücksichtigung des Subjektivurteils, genutzt.

Ebenso zu berücksichtigen ist die Umgebungstemperatur bei Versuchsdurchführung. Wie in Abschnitt 5 und [Gut11] beschrieben, liegt ein zum Teil hoher Einfluss der Temperaturverhältnisse im Reifen auf dessen mechanische bzw. fahrdynamische Eigenschaften vor. Die erwähnte Bereinigung der aus den Messdaten gewonnenen Objektivwerte um den Umgebungstemperatureinfluss ist eine Möglichkeit, diesem Sachverhalt Rechnung zu tragen. Dabei wurde ein lineare Zusammenhang zur Temperatur bestimmt und der Objektivwert um diesen angepasst.

Besonders bei niedrigdynamischen Manövern zu Beginn der Beurteilungsfahrt mit einer Reifentemperatur auf Umgebungsniveau ist der Einfluss der Aussentemperatur in den gemessenen Signalen sichtbar. Nach längerer Fahrt und bei größerer Belastungshistorie verringert sich der statistische Zusammenhang zur Außentemperatur. Demnach ist der Einfluss besonders bei der Beurteilung des Lenkverhaltens und der Spurrinnenüberfahrt zu berücksichtigen. Bei welchen Manövern und Objektivwerten eine Bereinigung um die Außentemperatur durchgeführt wurde, ist in Abschnitt 6 beschrieben.

5. Objektive Messung auf Reifenebene

In diesem Abschnitt wird auf Messprozeduren sowie Reifeneigenschaften eingegangen. Nicht alleine die Übertragung sämtlicher Kräfte zwischen Fahrwerk und Fahrbahn ist für die Entwicklung eines Reifens relevant. Auch technische und kommerzielle Vorgaben sind zu erfüllen, wie bspw. bezüglich Rollwiderstand, Verschleiß, ggf. Notlaufeigenschaften sowie Kosten. Zu nennen sind hier Konstruktionsmerkmale und Aufbau, Materialien, Verarbeitungsprozesse zur Herstellung und Stückzahl als maßgebliche Faktoren [Lei09]. Der Kraftfluss im Reifen und dessen mechanische Interaktion mit der Fahrbahn ist z. B. in [Hol06] umfänglich erläutert. Im Folgenden wird zunächst ein Überblick über die Messsysteme zur Bestimmung von Reifencharakteristika gegeben sowie Vor- und Nachteile aufgezeigt.

5.1. Reifenmessprozeduren und Betriebspunkte

Verschiedene Messsysteme zur Bestimmung mechanischer Reifen- bzw. Radcharakteristika sind bekannt. Hauptsächlich drei Systeme finden industrielle Anwendung. Diese sind mit einigen Vor- und Nachteilen in Tabelle 5.1 dargestellt. Die Daten aus den unterschiedlichen Messprozeduren können anschließend weiterverarbeitet und für die Bedatung von bspw. kennlinienbasierten Reifenmodellen eingesetzt werden. Es besteht bei jedem der Systeme die Möglichkeit, das Rad sowohl zu bremsen als auch anzutreiben. Im Rahmen dieser Arbeit wurden ausschließlich Daten eines Flachbahnreifenprüfstands [Sch09] [MTS] nach Bild 5.1 verwendet. Dieser ist insbesondere für den Vergleich unterschiedlicher Reifencharakteristika geeignet.

	Mess-LKW	Außentrommel	Innentrommel	Flachhbahn	Schienensystem
Oberflächenform	eben	gekrümmt	gekrümmt	eben	eben
Oberflächenart	Straße	Sandpapier	Straße	Sandpapier	Straße
Haupteinsatzzweck	Abgleich, Vergleich	Vergleich	Vergleich, Abgleich	Vergleich, Abgleich	Vergleich, Abgleich
Vorteile	reale Fahrbahn; auch auf Schnee/Eis/Nässe möglich	einfaches System, hohe Reproduzierbarkeit, hohe Dynamik	einfaches System, hohe Reproduzierbarkeit, hohe Dynamik, Schnee/Eis/Nässe möglich, realer Fahrbahnbelag	hohe Reproduzierbarkeit	reale Fahrbahn, hohe Reproduzierbarkeit, auch auf Schnee/Eis/Nässe möglich
Nachteile	keine hohe Reproduzierbarkeit, geringe max. Geschwindigkeit	starke Krümmung, Schnee/Eis/Nässe nicht möglich	Krümmung, Aufwändiges System	Aufwändiges System, Schnee/Eis/Nässe nicht möglich, begrenzte Stelldynamik bzgl. Sturz	Aufwändiges System, derzeit nicht verfügbar, Umsetzung fraglich

Tabelle 5.1.: Gängige Reifenprüfstände im Überblick (vgl. auch [Ein11])

Betriebsbereich (maximal):

Geschwindigkeit	± 250 km/h
Seitenkraft	15 kN
Schräglaufwinkel	± 30°
Schräglaufwinkel-änderung	50 °/s
Sturzwinkel	-12° / 45°
Sturzwinkeländerung	5 °/s
Radlast	25 kN
Vert. Verstellgeschw.	300 mm/s

Bild 5.1.: Betriebsbereich des Flachbahnreifenprüfstands MTS FlatTrac III CT (Bild: IABG)

Der Flachbahnreifenprüfstand besitzt ein hydraulisches System zur Einstellung der Radlast, der Spur und des Sturzes. Das Arbeitsprinzip des Prüfstands beruht auf zwei Trommeln mit umlaufendem Stahlband, welches im Bereich der Reifenaufstandsfläche mit Wasser gelagert ist. Das aktive System verhindert eine Dezentrierung des Bandes infolge der durch den Reifen erzeugten Seitenkraft. Dabei verwendet jedes der in Tabelle 5.1 aufgeführten Systeme eine Messnabe zur Kraft- und Momentenmessung. Ebenso ist eine Fülldruck- sowie Schlupfregelung nutzbar.

Die Eingangsgrößen, die der Prüfstand benötigt, sind Bandgeschwindigkeit, Schräglaufwinkel, Sturz, Radlast, Fülldruck sowie Schlupf. Sie definieren den Betriebspunkt, in welchem die durch den Reifen erzeugten Kräfte und Momente gemessen werden. Als Eingangsgrößen werden sie an den Prüfstand übermittelt. Ausgangsgrößen sind die Kräfte $F_{x,y,z}$ und die Momente $M_{x,y,z}$, wie in Bild 5.2 dargestellt, sowie deren zeitlicher Verlauf unter verschiedenen Lastbedingungen.

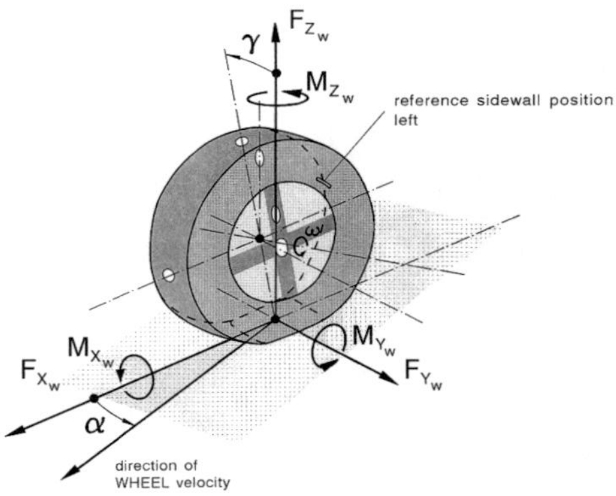

Bild 5.2.: Kräfte und Momente am Rad (Bild: TYDEX [Unr97])

Aus Ergebnissen der Gesamtfahrzeugsimulation lassen sich Reifenbetriebspunkte abschätzen (vgl. Tabelle 5.2).

Im Rahmen dieser Untersuchungen, mit Fokus auf die Querdynamik, tritt
geringer Längsschlupf auf. Lediglich der Widerstand zur Geschwindig-
keitshaltung wird durch das Antriebsmoment ausgeglichen.

Aufgrund der in der Subjektivbeurteilung angefahrenen Betriebspunkte
werden zwei Prüfstandsprozeduren zur Charakteristikbestimmung für die
hier untersuchten Reifen verwendet. Beide Prozeduren ermitteln das Verhalten in stationären Betriebspunkten als auch das dynamische Seitenkraftverhalten. Die erste Prüfstandsprozedur für geringe Schräglaufwinkel
mit drei Prozedurabschnitten wird bis 1° Schräglaufwinkel, verschiedenen
Sturzwerten, bei 100 km/h, ohne Antrieb und bei zwei Fülldrücken durchgeführt (vgl. Tabelle 5.3).

Die zweite Messprozedur für höhere Dynamik, ein an die TIME-Prozedur
[Oos98] angelehnter Ablauf, deckt auch höhere Schräglaufwinkel bis zum
Erreichen des Kraftschlussmaximums ab. Eine Auswertung der aufgezeich-

Kriterium		Typische Werte			
		Fahr-geschwindig-keit	max. Schräglauf-winkel	max. Sturzwinkel im Betrag	max. Ab-weichung von stat. Radlast
		[km/h]	[°]	[°]	[kN]
Gerade-auslauf	ebene Fahrbahn	190	0,3	1,5	0,5
	in Spurrinnen	90	0,3	1,5	0,7
Lenkeigen-schaften	Ansprechen	80	0,4	1,5	0,1
	Lenkkraft	60	0,5	1,6	0,3
	Verlauf Seitenführung	120	0,6	1,7	0,7
Kurven-fahrt	Grenzbereich	120	4,8	4,3	3,3
	Lastwechsel-reaktion	120	2,6	3,5	2,3
	Schneller Spurwechsel	160	4,8	4,6	3,1

Tabelle 5.2.: Typische Betriebspunkte auf Reifenebene

neten Daten macht diese jeweils für eine Charakteristikbewertung und den Einsatz in der Gesamtfahrzeugsimulation verfügbar. Zur Auswertung der Charakteristikwerte der niedrigdynamischen Reifenmessprozedur wird jeweils durch lineare Regression ein Polynom dritten Grades durch die Messpunkte gelegt (vgl. Bild 5.3) und dessen Koeffizienten ermittelt. Hintergrund und Zweck ist die Mittelung und das Erzeugen einer Funktion der entsprechenden Charakteristikgröße. So kann zu jedem Betriebspunkt ein Charakteristikwert bestimmt werden. Annahmen, die dabei gemacht werden, sind die Konstanz der Schräglauf- sowie Sturzsteifigkeit im Messbereich über ihre Winkel.

In der zweiten, erweiterten TIME-Prozedur werden hingegen stets konstante Betriebspunkte angefahren und diese über eine Dauer von 3 s gehalten.

Niedrigdynamische Reifencharakteristikmessung

Auswertung	Betriebspunkte	Geschwin-digkeit [km/h]	Schräg-laufwinkel [°]	Sturzwinkel [°]	Radlast
Verhalten unter Schräglauf- und Sturzwinkel	definierte Schräglauf- und Sturzwinkel über Radlastrampen	100	0 bis ±1	-2 bis 2	1000 bis 9000 N
Bestimmung der Nullseitenkräfte	definierte Schräglaufwinkel über Radlastrampen	-100	0 bis ±1	0	1000 bis 9000 N
Dynamisches Verhalten	Gleitsinus (0,1 bis 5 Hz) des Schräglaufwinkels bei definiertem Radlastwert	100	-1 bis 1	0	100 % der Ref.-Last

Hochdynamische Reifencharakteristikmessung

Auswertung	Betriebspunkte	Geschwin-digkeit [km/h]	Schräg-laufwinkel [°]	Sturzwinkel [°]	Radlast
Verhalten unter Schräglauf- und Sturzwinkel im linearen Bereich	definierte Schräglauf- und Sturzwinkel bei definierten Radlastwerten	40	0 bis ±2	-5 bis 5	20 bis 140 % der Ref.-Last
Verhalten unter Schräglauf- und Sturzwinkel im nichtlinearen Bereich	definierte Schräglauf- und Sturzwinkel bei definierten Radlastwerten	40	±2 bis ±12	0 bis +-6	20 bis 140 % der Ref.-Last
Dynamisches Verhalten	Gleitsinus (0,1 bis 6 Hz) des Schräglaufwinkels bei definiertem Radlastwert	20	-2 bis 2	0	100 % der Ref.-Last
Bestimmung des Radhalbmessers	Radlastrampen bei definierten Geschwindigkeiten	5 bis 120	0	0	5 bis 140 % der Ref.-Last

Tabelle 5.3.: Eckwerte Reifencharakteristikmessungen

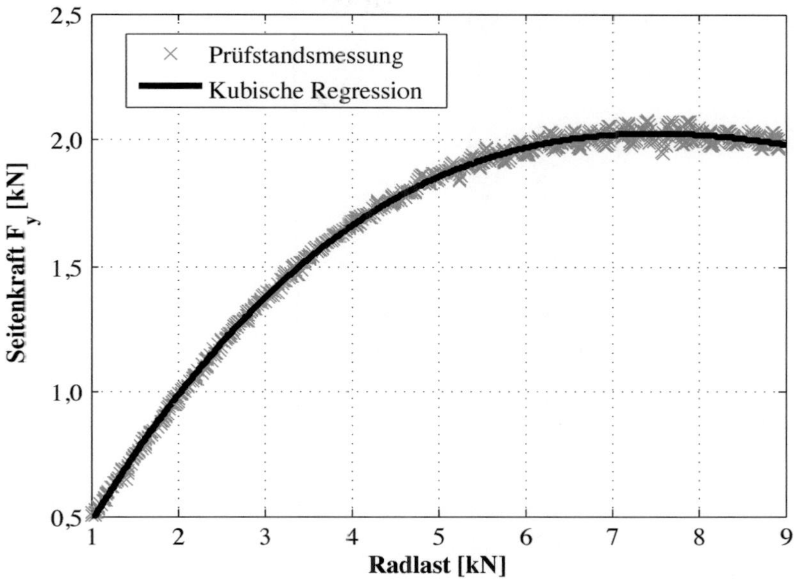

Bild 5.3.: Beispielhafte Prüfstandsmessung und kubische Regression mit $-1°$ Schräglauf ohne Sturz

Im Anschluss wird der Wert über diese Dauer gemittelt. Die Messpunkte dieser Prozedur sind ebenfalls in Tabelle 5.3 aufgeführt.

Die Auswertung erfolgt dann über Ansatzfunktionen mittels der Magic Formula [Pac06], die sich empirisch als sinnvoll gezeigt haben und durch die Messpunkte gelegt werden. Hier wird damit bereits ein Verhalten der jeweilgen Charakteristika vorgegeben. Die diese Ansatzfunktionen beschreibenden Koeffizienten können dann ermittelt werden. Da die Anzahl der Stützstellen zu gering ist, kann im Unterschied zur erstgenannten Messprozedur kein Regressionsfitting durchgeführt werden. Die Messung mit einer größeren Anzahl an Messpunkten ist nicht möglich, da sowohl der Verschleiß, als auch die thermische Belastung bei diesen Betriebspunkten sehr hoch sind. Durch die genannten definierten Ansatzfunktionen entsteht eine

Abweichung zur Messung (vgl. Bild 5.4).

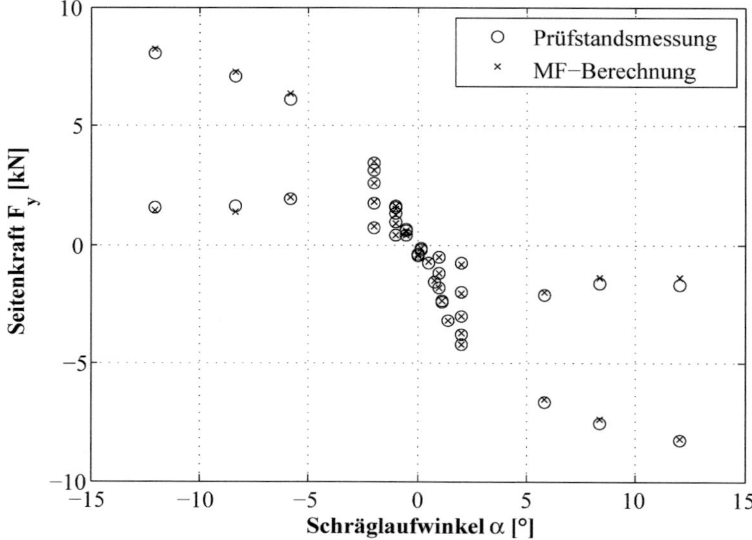

Bild 5.4.: Abweichung der Seitenkraft Messung und Berechnung mit MF-Modell bei verschiedenen Radlasten und Sturzwinkel

Um den Fülldruckeinfluss auf die Reifeneigenschaften erfassen zu können, wird die Charakteristikmessung stets mit zwei Fülldrücken, der Fülldrücke der Vorder- und Hinterachse entsprechend den Werten des Fahrversuchs, durchgeführt. Die TIME-Messung hingegen kann lediglich bei einem Fülldruckwert je Reifen durchgeführt werden. Der nominale Wert des Fülldrucks im Fahrversuch wird für die Prüfstandsmessung mit 0,2 bar beaufschlagt, da die Reifen stets vor der Versuchsfahrt, also bei Umgebungstemperatur, befüllt werden. Auf diesen Wert wird während der Messung geregelt.

Um die Daten der Magic Formula Tyre [Pac06] auch für weitere Fülldrücke verfügbar zu machen, wird eine Anpassung mit Hilfe der Charakteristikmessung bei zwei verschiedenen Fülldrücken vorgenommen. So können sämtliche Reifeneigenschaften linear zwischen zwei Fülldrücken interpoliert und so für einen zweiten Fülldruck ein stimmiger Magic Formula Tyre Parametersatz erzeugt werden.

5.2. Querdynamische Reifeneigenschaften

Das subjektiv empfundene Fahrzeugverhalten setzt sich zum einen aus der Bewegung des Fahrzeugs bzw. einer Fahrzeugreaktion auf die Eingaben des Fahrers und zum anderen dem wahrgenommenen Lenkgefühl (vgl. Abschnitt 3) zusammen. Beides wird im Rahmen dieser Untersuchung durch den Reifen und dessen Charakteristika variiert. Der Zusammenhang zwischen Fahrverhalten bzw. Lenkgefühl und Reifencharakteristika ist insbesondere Gegenstand des Abschnitts 6.3.

Auch sei hier auf das in bspw. [Bra00] gezeigte Gough-Diagramm zur Visualisierung stationärer Reifeneigenschaften hingewiesen. Grundlegende, für das Fahrverhalten relevante Charakteristika sind aus dem Gough-Diagramm einfach abzulesen (vgl. Bild A.1 und A.2 im Anhang).

Kraftübertragung zwischen Fahrzeug und Fahrbahn

Das Seitenkraftverhalten am Rad ist durch den Betrag der Kraft , den Kraftangriffspunkt und die Kraftverzögerung zu beschreiben. Des Weiteren kann eine Seitenkraft durch unterschiedliche Ursachen hervorgerufen werden. So kann eine Seitenkraft durch Schräglaufwinkel, eine Schrägstellung des Rades um die Hochachse, durch einen Sturzwinkel, also Schrägstellung des Rades um die Längsachse, oder deren Kombination erzeugt werden. Die Betriebsbedingungen, wie Fülldruck, Geschwindigkeit und Radlast, beeinflussen dabei das Seitenkraftverhalten ebenfalls. Auch Randbedingungen, wie die Temperaturverteilung im Reifen sowie der Verschleißzustand, haben Einfluss.

Ebenfalls zu berücksichtigen sind funktionale Unterschiede an Vorder- und Hinterachse, bedingt durch teils unterschiedliche Fülldrücke und ggf. Mischbereifungen, also unterschiedlichen Reifenbreiten an Vorder- und Hinterachse.

Zunächst wird auf die Entstehung einer Radseitenkraft unter Schräglaufwinkel eingegangen. Der Schräglaufwinkel α ist der Winkel zwischen Geschwindigkeitsvektor (Bewegungsrichtung) und Längsachse des Rades (vgl. Bild 5.2). Dieser wird indirekt vom Fahrer über das Lenkrad geregelt. Er setzt sich aus Spur (unter Berücksichtigung der Elastokinematik), Schwimmwinkel sowie Rotationsanteil zusammen. Die Rotationsanteile haben dabei ihre Ursache in der Fahrzeugdrehung um die Hochachse. Für die Vorderachse kommt der Radlenkwinkel hinzu. Der Schräglaufwinkel ist also vom Zustand des Fahrzeugs, beschreibbar durch Schwimmwinkel und Giergeschwindigkeit, als auch von der Lenkradwinkeleingabe abhängig. So steuert der Fahrer über den Lenkwinkel die Seitenkraft durch Schräglauf. Dabei ist die Seitenkraft an der Vorderachse notwendig, um eine Gierbewegung zu erzeugen. Mit der Seitenkraft an der Hinterachse wird dann eine Querbewegung des Fahrzeugs und so eine Kurvenfahrt realisiert.

Die Reifeneigenschaftsgrößen für die Seitenkraft durch Schräglaufwinkel wurden bereits hinlänglich in bspw. [Hol06] beschrieben. So ist im linearen Bereich die stationäre Seitenkraft als näherungsweise proportional zum Schräglaufwinkel anzunehmen. Dies ist durch die sog. Schräglaufsteifigkeit c_α beschreibbar. Der zeitverzögerte Aufbau der Seitenkraft kann durch die sog. Einlauflänge σ_α nach Böhm [Böh66] Berücksichtigung finden [Hol00]. Da die Seitenkraft nicht in Mitte des Reifenlatsches angreift, ist der Reifennachlauf, zu ermitteln. Auch die sog. Nullseitenkraft, d. h. die Seitenkraft bei Rollen mit einem Schräglaufwinkel von $\alpha = 0$, ist zu bestimmen. Im höherdynamischen Bereich kommen weitere mechanische Reifeneigenschaften hinzu, wie die maximal übertragbare Seitenkraft, das sog. Kraftschlussmaximum, und der zugehörige Schräglaufwinkel.

Die Schräglaufsteifigkeit im linearen Bereich, d. h. bei niedrigen Schrägl-
aufwinkeln (bis $\alpha \approx 2°$), kann als konstant über dem Schräglaufwinkel angenommen werden, jedoch besteht Radlastabhängigkeit. Im Rahmen dieser
Untersuchung liegt dieser Wert bei Geradeausfahrt, also bei statischer Radlast, im Mittel bei $c_{\alpha,mittel} = 1580$ N/° und zwischen $c_\alpha = 1350$ N/° und
2000 N/° (vgl. Bild 5.5). Die Bandbreite bezogen auf den Mittelwert beträgt 41 %. Dabei nimmt die Schräglaufsteifigkeit mit geringerer Radlast
ab.

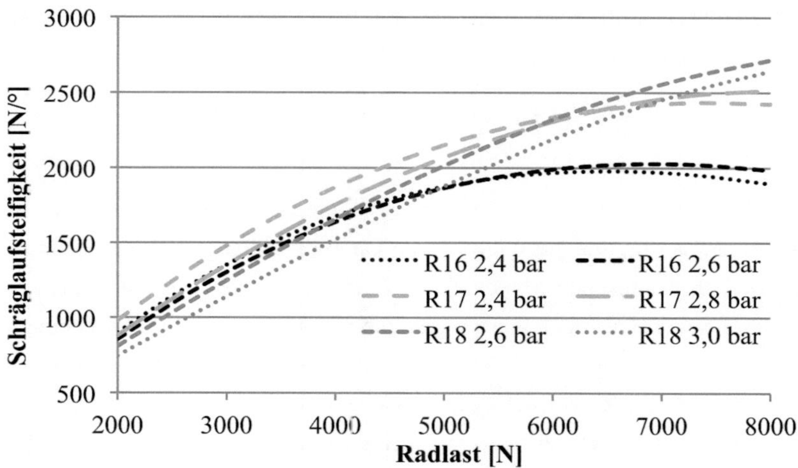

Bild 5.5.: Schräglaufsteifigkeit über der Radlast einiger Beispielreifen

Unter $|\gamma| \approx 2°$ Sturz liegt die Schräglaufsteifigkeit im Mittel bei $c_{\alpha,mittel} =$
1550 N/° und zwischen $c_\alpha = 1300$ N/° und 1950 N/° insgesamt etwas niedriger, jedoch mit geringen Unterschieden zwischen positivem und negati-
vem Sturz. Weitere Kennwerte sind in Tabelle 5.4 dargestellt.

Hervorzuheben ist, dass eine Degression über der Radlast auftritt. Wird eine
Spur um einen Radlastbetrag belastet, ist der Anstieg der Schräglaufsteifigkeit geringer als der Abfall der anderen Spur, die dabei um diesen Betrag

	Schräglaufsteifigkeit [N/°]		Einlauflänge nach Böhm [m]		Reifennachlauf [mm]	
	VA	HA	VA	HA	VA	HA
Mittelwert	1585	1577	0,46	0,44	25	24
Minimum	1359	1346	0,28	0,24	17	16
Maximum	1806	1996	0,65	0,65	31	29
Delta	447	650	0,37	0,41	14	13

Tabelle 5.4.: Statische Kennwertbereiche der Reifen dieser Untersuchung

entlastet wird. Daher ist der zusätzliche Parameter der Degression *deg* über die Radlast einzuführen. Er beschreibt die Schwächung der Achse über die Radlast nach Bild 5.6. Die Degression kann wie folgt ausgedrückt werden:

$$deg = 1 - \frac{c_\alpha \left(F_{z,stat} - \Delta F_z\right) + c_\alpha \left(F_{z,stat} + \Delta F_z\right)}{2\,c_\alpha \left(F_{z,stat}\right)} \qquad (5.1)$$

Sie ist bei niedrigdynamischen Manövern, wie das des Kriteriums Lenkansprechen, gering ($|deg| < 0,04$ %). Sie kann, in Abhängigkeit des Reifens, bei höherdynamischen Manövern im linearen Bereich, wie im Kriterium Verlauf Seitenführung, höhere Werte annehmen ($|deg| < 2,1$ %), bei einem Unterschied von bis zu 1,7 % zwischen den Reifen. So sollte dieser Sachverhalt hier also Berücksichtigung finden. Im Bereich um $a_y = 4$ m/s^2 variiert die Degression bei den untersuchten Reifen zwischen $|deg| < 2$ bis $|deg| > 10$ %. Der lineare Bereich der Schräglaufsteifigkeit reicht bis ca. 1600 N Radlastdifferenz. Im Manöver des Kriteriums Lenkansprechen liegt diese bei $\Delta F_z \approx 100$ N. Die Degression beträgt dabei maximal 0,03 % und ist damit vernachlässigbar gering.

Die Radlastdifferenz im Manöver des Kriteriums Verlauf Seitenführung hingegen beträgt $\Delta F_z \approx 700$ N. Damit liegt die Degression bei ca. 2 %. Eine Berücksichtigung erweist sich ab diesem Wert sinnvoll. Bei höchster Dynamik innerhalb des linearen Bereichs beträgt diese $\Delta F_z \approx 1600$ N. Damit liegen ca. 9 % Unterschied in der Achsschwächung vor. Dies macht eine Berücksichtigung hier notwendig.

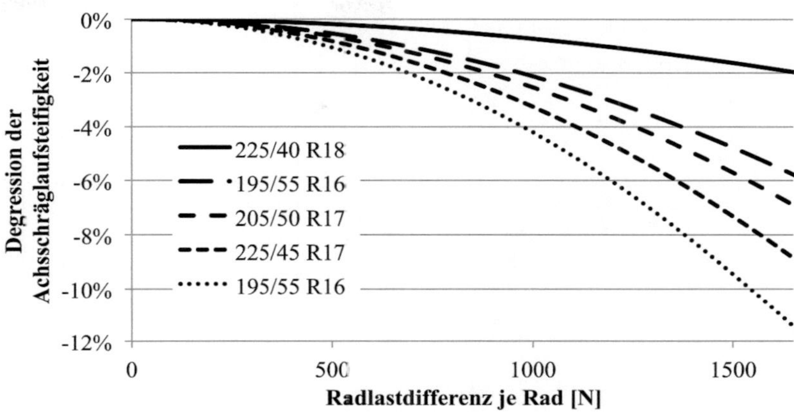

Bild 5.6.: Degression der Achsschräglaufsteifikeit bis ca. 4 m/s^2 bei fünf Beispielreifen

Gefolgert wird, dass selbst im linearen Bereich der Grad an Dynamik in Bezug auf die querdynamischen Reifeneigenschaften zu berücksichtigen ist. Über den linearen Bereich hinaus kommt die Degression über den Schräglaufwinkel hinzu [Pac06].

Das instationäre Verhalten der Seitenkraft ist bereits seit Jahrzehnten Gegenstand der Forschung, beschreibt den zeitlichen Seitenkraftaufbau und ist für das Fahrverhalten nicht zu vernachlässigen [Ein11] [Hol00] [Man00] [Sch42]. Verschiedene Ansätze sind [Ein11] zu entnehmen.

Um den Seitenkraftaufbau durch einen Schräglaufwinkel zeitlich beschreiben zu können, wird hier eine laterale Einlauflänge nach [Hol00] definiert. Sie beschreibt die Verzögerung des Seitenkraftaufbaus in Folge einer Schräglaufwinkeländerung. Zunächst wird eine fiktive laterale Steifigkeit c_y aus einem Gleitsinus ermittelt. Diese liegt bei den untersuchten Reifen im Mittel bei 210000 N/m und zwischen 130000 N/m und 325000 N/m.

Die Einlauflänge σ_α berechnet sich dann zu $\sigma_\alpha = \frac{c_\alpha}{c_y}$, dabei sind die Einheiten N/rad bzw. N/m. Sie liegt im Mittel bei 0,45 m und zwischen 0,24 m und 0,65 m bei den hier untersuchten Reifen. Nach [Ein11] ist die Beschreibung der Einlauflänge durch ein PT2-Übertragungsglied sinnvoll. Dadurch kann der Kraftanstieg aus null genauer, d. h. stark verzögert, abgebildet werden.

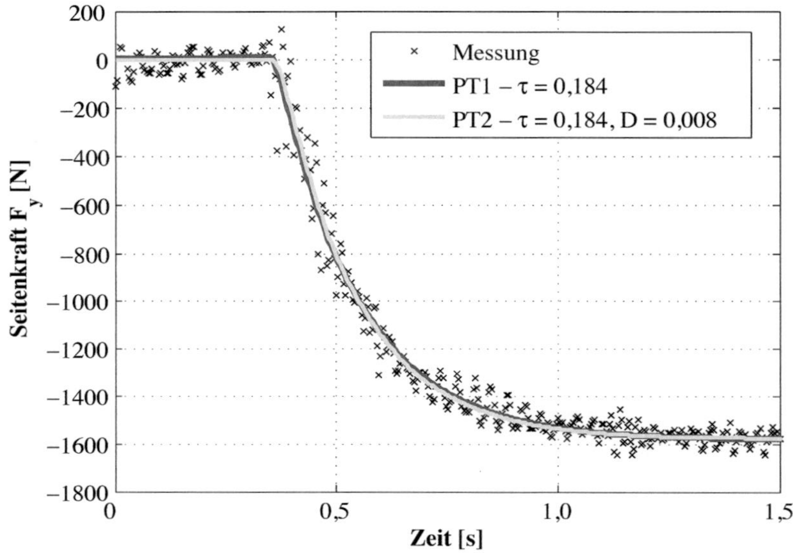

Bild 5.7.: Vergleich des dynamischen Seitenkraftverhaltens

Ein wesentlicher Vorteil eines PT2-Gliedes kann im Rahmen dieser Arbeit jedoch nicht nachgewiesen werden (vgl. Bild 5.7). Eine nur geringfügig bessere Anpassung kann durch den zweiten Parameter erreicht werden. Daher findet im Weiteren der PT1-Ansatz nach [Hol00] Verwendung.

Im Gegensatz zu der hier verwendeten Gleitsinusmethode wird von [Ein11] eine Bestimmung der Einlauflänge durch einen Schräglaufwinkelsprung mit anschließender Kurvenanpassung vorgeschlagen. Ein Vergleich mit einem Beispielreifen ist in Bild 5.8 dargestellt.

Die Einlauflänge ist nicht vollständig geschwindigkeitsunabhängig, was bei einem Fahrgeschwindigkeitsunterschied von 18 m/s zu einer Abweichung

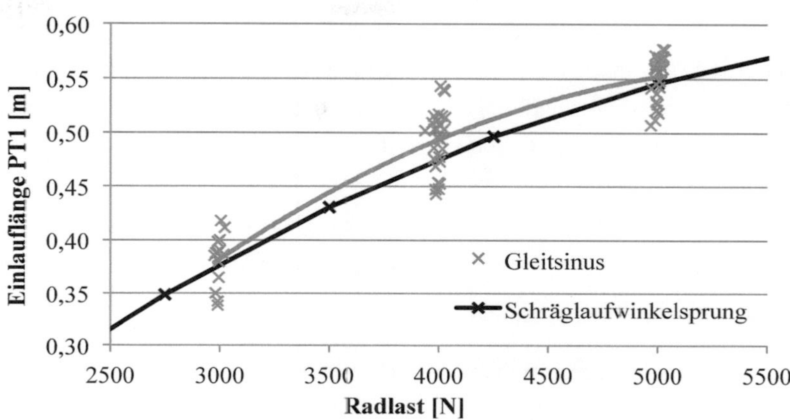

Bild 5.8.: Vergleich der Einlauflänge aus Gleitsinus und Schräglaufwinkelsprung bestimmt

von bis zu 5 % führt. Daher sollte die Bandgeschwindigkeit nicht beliebig verringert werden, um die Zeitkonstante τ exakter erfassen zu können.

Die Einlauflänge, bestimmt durch den Radlastsprung, weicht deutlich von der durch Schräglaufwinkelsprung bestimmten Größe ab. So ist für Radlastsprünge ein separater Versuch erforderlich. Die Differenz beträgt ca. 0,2 m und ist dabei geringer als die Einlauflänge aus dem Schräglaufwinkelsprung. Die Möglichkeit zur Bestimmung der Einlauflänge durch einen Sturzwinkelsprung, wie in [Ein11] beschrieben, kann bestätigt werden.
Den Schritt zu konkreten Bauteilsteifigkeiten macht [Han89]. Der Phasenverzug zwischen Seitenkraft und Schräglaufwinkel wird mit Hilfe einer Regressionsanalyse experimentell untersucht und der Zusammenhang zu Schräglaufsteifigkeit, Gürtelbiegesteifigkeit in Reifenmittenebene sowie Radial-, Lateral- und Longitudinalsteifigkeit der Reifenseitenwand hergestellt.

Schräglaufsteifigkeit und Einlauflänge sind zum Teil von den gleichen Konstruktionsmerkmalen abhängig. Speziell die Gürtelbiegesteifigkeit trägt bedeutend zum Zeitverzug des Seitenkraftaufbaus bei. Um letzteren unabhängig zu verringern, ist also die Seitenwand zu modifizieren. Sie soll möglichst steif in lateraler und longitudinaler Richtung sein, ohne die Steifigkeit in Radialrichtung zu stark zu beeinflussen.

Die Seitenkraft am rollenden Rad ohne Schräglauf wird als Nullseitenkraft $F_{y,0}$ bezeichnet. Sie hat zwei Ursachen (vgl. [Zom91]):

- Seitenkraft durch Konizität und

- Seitenkraft durch Winkeleffekt (Ply-Steer).

Zu trennen sind beide Effekte durch zusätzliche Messung bei Rückwärtsrollen, da die Seitenkraft durch Konizität stets in gleicher Richtung wirkt. Diese ist durch die Form des Reifen verursacht und wirkt bei zwei mit DOT-Kennzeichnung nach außen montierten Reifen, gleiche Konizität vorausgesetzt, an der Achse entgegengesetzt. Sie liegt für ein Rad im Mittel bei $F_{y,kon,mittel} \approx 0$ und zwischen $F_{y,kon} = -91$ N und 115 N bei den untersuchten Reifen. Die Seitenkraft durch den Ply-Steer-Effekt ändert die Richtung am rückwärts rollenden Rad und wirkt damit bei der linken und rechten Spur in gleiche Richtung. Sie liegt bei einem Reifen im Mittel bei $F_{y,ply,mittel} = -166$ N und zwischen $F_{y,ply} = -211$ N und -99 N. Zusammen ergeben sich Nullseitenkräfte je Reifen im Mittel von $F_{y,0,mittel} = -170$ N und zwischen $F_{y,0} = -256$ N und -63 N. Die Anteile der Konizitätsseitenkraft sind also meist kleiner als die des Ply-Steer-Effekts, welcher auch zur Kompensation der Strassenquerneigung genutzt wird.

Die Position des Angriffspunkts der Seitenkraft weist eine Abhängigkeit von der Schubspannungsverteilung auf. Durch unterschiedliche Auslenkung der Profilstollen bzw. deren Deformation, vorne wird gering ausgelenkt, hinten stärker, und durch einen Haft- und Gleitanteil, greift F_y als Integral der Schubspannungen nicht in der Mitte des Reifenlatsches an (vgl. Bild 5.9).

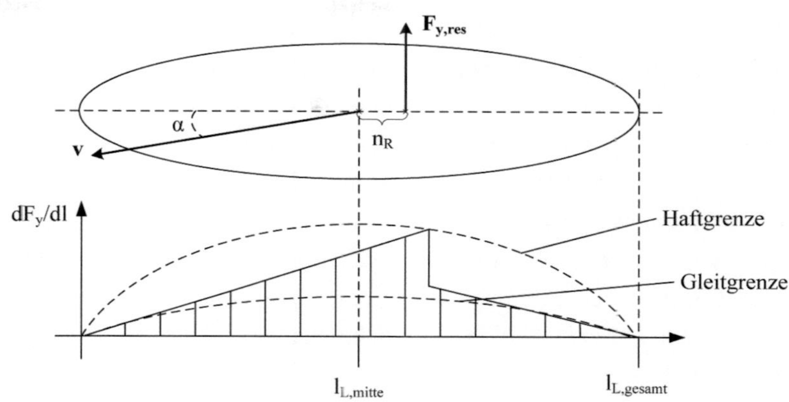

Bild 5.9.: Prinzip zur Ursache des pneumatischen Nachlaufs

So ergibt sich der Reifennachlauf n_R als Abstand zwischen Angriffspunkt der Seitenkraft $F_{y,res}$ und Latschmitte. Er ist damit von der Reifendimension abhängig, da diese die Latschlänge beeinflusst [Hol06]. Je breiter ein Reifen ist, desto stärker wird die Radlast in der Breite verteilt, was zu einem kürzeren Latsch (in x-Richtung) führt. Je größer der Reifendurchmesser ist, desto stärker verteilt sich die Radlast in der Länge. Nominell ist der Reifendurchmesser bei einem Fahrzeug gleich, Unterschiede innerhalb einer Bandbreite zwischen den Reifendimensionen und -herstellern bestehen jedoch. Der effektive Reifenhalbmesser bei Abrollen mit statischer Radlast liegt im Mittel bei $r_{eff,mittel} = 310$ mm und zwischen $r_{eff} = 300$ mm und 320 mm. Der Reifennachlauf n_R in Verbindung mit Seitenkraft $F_{y,res}$ führt zu dem Moment M_z um die Hochachse. Ein ausgeprägter Zusammenhang mit der Dimension des Rades ist vorhanden. Reifen für größere Raddurchmesser weisen in der Regel einen größeren effektiven Reifenhalbmesser auf.

Auch durch die Nullseitenkräfte entsteht in Verbindung mit dem Reifennachlauf ein Nullrückstellmoment $M_{z,0}$. Es liegt mit Mittel bei $M_{z,0,mittel} = 11$ Nm und zwischen $M_{z,0} = -6$ Nm und 25 Nm.

Weiterhin zu berücksichtigen ist, dass bei höherdynamischer Fahrt ein geringeres Haften und ein höherer Gleitanteil im Reifenlatsch vorliegt. Schließlich tritt bei maximaler Seitenkraft $F_{y,max}$ primär ein Gleiten des Reifen gegenüber der Fahrbahn auf. Das Kraftschlussmaximum wird dabei maßgeblich von Latschgröße, Bodendruckverteilung, Haft- und Gleitreibung beeinflusst. Diese sind u. a. von Gürtel- und Seitenwandsteifigkeit sowie von Profil und Mischung abhängig. Die maximale Seitenkraft eines Reifens liegt im Mittel bei $F_{y,max,mittel} = 4400$ N und zwischen $F_{y,max} = 4060$ N und 4770 N. Der Schräglaufwinkel für das Erreichen des Kraftschlussmaximums liegt im Mittel bei $\alpha = -8,2°$ und zwischen $\alpha = -15,0°$ und $-6,3°$.

Durch Aufbringung eines Sturzwinkels kann ebenfalls eine Seitenkraft am rollenden Rad erzeugt werden. Die Sturzsteifigkeit kann im relevanten Wertebereich als proportional zum Sturzwinkel gesehen werden. Die Sturzseitenkraft ist der Seitenkraft durch Schräglauf überlagert. Es werden jedoch, i. d. R. wirkt am Fahrzeug beides zeitgleich, kombinierte Messungen gemacht. Die Sturzsteifigkeit liegt im Mittel bei $c_{gamma,mittel} \approx 92$ N/° und dabei zwischen $c_{gamma} = 34$ N/° und 169 N/°.

Eine weitere, den Reifen in seinen Eigenschaften beschreibende Größe, ist die (statische) Vertikalfedersteifigkeit. Sie entspricht dem Kehrwert der Änderung des statischen Abrollhalbmessers r_{stat} über die Radlast. Der Mittelwert beträgt $c_{rad,mittel} = 290$ N/mm und der Wertebereich liegt zwischen $c_{rad} = 230$ N/mm und 400 N/mm.

5.3. Verknüpfung querdynamischer Reifenkenngrößen

Innerhalb dieses Abschnitts werden ausschließlich ausgeprägte Zusammenhänge dargestellt. Ebenso wird die Analyse auf einen Fülldruck reduziert. So korreliert die Schräglaufsteifigkeit ohne Sturz sehr hoch mit der Schräglaufsteifigkeit unter Sturz ($r_{\#} = 0,99$), da die Seitenkraftänderung durch Sturz im Vergleich sehr klein ist. Ansonsten ist die Schräglaufsteifigkeit ebenso wie die Sturzsteifigkeit unkorreliert mit weiteren Eigenschaften. Weiterhin geht eine höhere Degression der Schräglaufsteifigkeit einher mit einem höheren Reifennachlauf ($r_\# = 0{,}84$) und einer geringen Vertikalfedersteifigkeit ($r_\# = -0{,}79$).

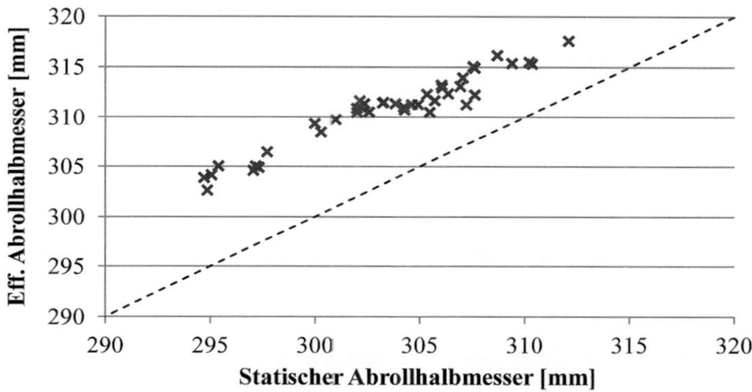

Bild 5.10.: Zusammenhang zwischen statischem und effektivem Abrollhalbmesser (verschiedene Reifen, unterschiedlicher Fülldruck, gleiche Radlast)

Die Ursache ist in der Reifenauslegung begründet. Ein Reifen größerer Dimension weist i. d. R. eine höhere Sportlichkeit auf. Ein breiterer Reifen weist einen geringeren Reifennachlauf auf. Die geringere Seitenwandhöhe bei größerer Dimension hat eine höhere Vertikalfedersteifigkeit zur Folge. Diese sportlicher ausgelegten Reifen zeigen auch eine geringere Seitenkraftdegression über die Radlast.

Der statische Abrollhalbmesser r_{stat} ist mit einem höheren effektiven (dynamischen) Abrollhalbmesser r_{eff} gekoppelt ($r_\# = 0{,}96$). Dabei ist fast nur konstanter bis leicht geringer werdender Offset vorhanden (vgl. Bild 5.10). Auch die Vertikalfedersteifigkeit hängt mit dem statischen Abrollhalbmesser zusammen ($r_\# = 0{,}71$). Sie ist ebenso stark mit Querfedersteifigkeit und der Einlauflänge korreliert ($r_\# = 0{,}95$ bzw. $r_\# = -0{,}91$). Diese beiden Größen sind untereinander mit $r_\# = -0{,}94$ verknüpft (vgl. Bild 5.11). Die

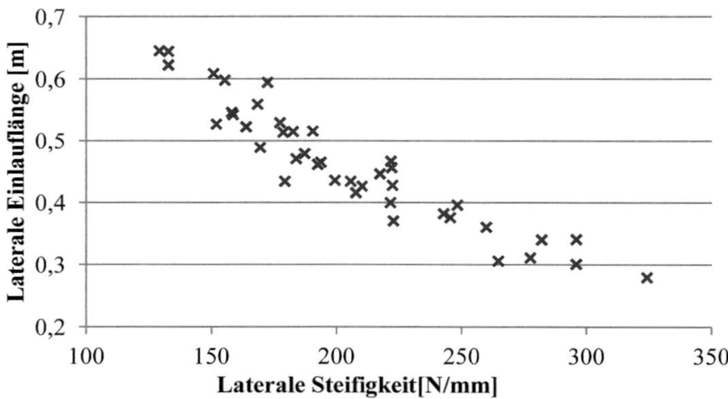

Bild 5.11.: Zusammenhang zwischen Querfedersteifigkeit und Einlauflänge (verschiedene Reifen, unterschiedlicher Fülldruck, gleiche Radlast)

Schräglaufsteifigkeit weist hier nur einen geringen Zusammenhang auf. Sämtliche der hier genannten statistischen Zusammenhänge weisen eine Irrtumswahrscheinlichkeit von $p < 0,01$ % auf.

6. Empirische Wirkkette Reifen, Fahrzeug und Fahrer

In Abschnitt 3 wurde bereits auf die Wahrnehmung des Menschen im Fahrzeug eingegangen. Änderungen im Fahrzeugbewegungs- sowie Lenkkraftverhalten werden im Rahmen dieser Untersuchung durch Variation der Fahrwerkskomponente Reifen realisiert. Dessen mechanische Eigenschaften, speziell dessen Kraftübertragungsverhalten mit Angriffspunkt, zeitlichem Aufbau und stationärem Wert der angreifenden Kräfte in Verbindung mit dem sich am Rad einstellenden Betriebspunkt, beschrieben durch Abrollgeschwindigkeit, Radschräglaufwinkel, Radlast und Sturzwinkel, nehmen Einfluss auf das objektive und subjektiv empfundene Fahrverhalten.

Bei der Wirkkettenanalyse zwischen Reifen, Fahrzeug und Fahrer trägt die verfolgte Systematik dem Sachverhalt der Untersuchung Rechnung. So werden eine vergleichsweise große Anzahl an Charakteristikermittlungen, wie in Bild 6.1 dargestellt, auf Fahrer-, Fahrzeug- und Reifenebene durchgeführt. Die Anzahl der in die Einflussuntersuchung zwischen Fahrer und Fahrzeug einbezogenen Beobachtungen beträgt zwischen 70 und 267. Die Unterschiede in den Umfängen sind darauf zurückzuführen, dass bei Nichterfüllung definierter Kriterien eine Messung nicht in die Auswertung einbezogen wird. Insbesondere bei starker Varianz der Betriebspunkte und geringer Anzahl an Wiederholungen innerhalb des Manövers wurde so entschieden.
Die Erfassung und Aufzeichnung der Fahrereingabe sowie der Fahrzeugrückmeldung erfolgte mittels einer Fahrzeugsensorik sowie eines Fahrtenschreibers, wie in Abschnitt 4 beschrieben. Manöver und Fahrweise wa-

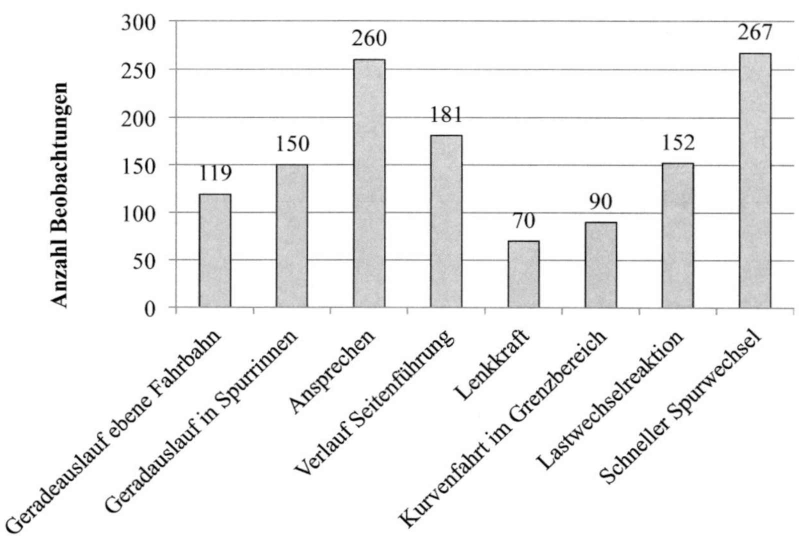

Bild 6.1.: Stichprobenumfänge der Analyse des Fahrzeug-Fahrer-Zusammenhangs

ren Empfehlungen, jedoch nicht festgelegt. So wurde sichergestellt, dass die subjektive Bewertung durch den Versuchsingenieur unbeeinträchtigt durchgeführt werden konnte. Dies ist Voraussetzung für eine belastbare Verknüpfung von Subjektivurteil und aus den gemessenen Daten abgeleiteten Kenngrößen.

Entgegen des Vorgehens in [Dec09] und [Fuc93] wird die Fahrzeugmessung zeitgleich zur Subjektivbeurteilung durchgeführt. So müssen keine Ersatzmanöver definiert werden.

Zunächst wird im Folgenden auf den direkten Zusammenhang zwischen Reifeneigenschaften und Reifensubjektivbeurteilung eingegangen. Darauf folgt die Analyse der Interaktion zwischen Fahrzeugrückmeldung und Fahrerurteil. Die Einflussgrößen werden bestimmt und eine Verknüpfung der Subjektivbeurteilung mit den Fahrzeugmessdaten in Form von Regressionsmodellen vorgenommen. Im Anschluss wird eine statistische Absicherung und Validierung durchgeführt. Es folgt eine Analyse des Zusammenhangs zwischen Reifeneigenschaften und Fahrzeugrückmeldung im Kontext der Betriebspunkte der subjektiven Reifenfunktionsbeurteilung. Dabei wird sowohl eine statistische als auch eine Untersuchung mittels Prinzipmodellen für Lenkung und Fahrzeug durchgeführt, um die das Fahrzeugverhalten, und damit auch das subjektiv empfundene Fahrgefühl, beeinflussenden Reifenkenngrößen zu identifizieren.

Zuletzt wird auf die Übertragbarkeit der Zusammenhänge auf weitere Fahrzeugklassen eingegangen.

6.1. Direktzusammenhang Reifeneigenschaften und Reifensubjektivbeurteilung

Die Analyse der direkten Zusammenhänge zwischen Reifenkenngrößen und der Reifensubjektivbeurteilung stellen den ersten Schritt in der Untersuchung der Wirkkette dar. Reifendaten mit einem Umfang von 45 Datensätzen liegen dazu vor. Im Weiteren ist für sämtliche statistische Zusammenhänge mit Angabe eines Korrelationskoeffizients die Irrtumswahrscheinlichkeit $p < 0{,}0001$ also $p < 0{,}01$ %, so kein abweichender Wert angegeben ist. Zunächst werden die Reifendaten mit kubischer Polynomanpassung herangezogen. Die Beurteilungen des Kriteriums Geradeauslauf in Spurrinnen weisen einen deutlichen statistischen Zusammenhang mit Reifenkennwerten auf. Im Speziellen sind das die Sturzsteifigkeit und die Einlauflänge mit $r_{BI} = 0{,}6$ und $r_{BI} = 0{,}7$. Die weiteren niedrigdynamischen Kriterien des Fahrversuchs korrelieren im direkten Zusammenhang mit den Reifenkennwerten nicht signifikant. Reifeneigenschaften sind hier stärker in Kombination für ein Subjektivurteil relevant. Daher ist der Schritt über die Fahrzeuggrößen notwendig, um eine manöverspezifische Auswahl unter Berücksichtigung der Betriebsbedingungen zu treffen.

Wie schon in Abschnitt 3 gezeigt, sind die hochdynamischen Manöver in dieser Untersuchung untereinander hoch korreliert ($r_\# \approx 0{,}9$). Dies spiegelt sich in den Reifeneigenschaften wider. Demnach sind Reifeneigenschaften, die mit einem Subjektivkriterium in statistischem Zusammenhang stehen, auch mit weiteren hochdynamischen Kriterien verknüpft.

Weiterhin stehen Kenngrößen, wie Vertikalfedersteifigkeit, Radius, Lateralsteifigkeit und Einlauflänge in starkem Zusammenhang ($|r_\#| > 0{,}8$). Die Ursache ist darin zu finden, dass Reifen mit ausgeprägter Lateralfunktion auch in der Regel einen niedrigen Querschnitt haben und damit eine geringe Einlauflänge, d. h. eine sportlichere Ausprägung der Reifenfahreigenschaften mit hoher Vertikalfedersteifigkeit liegt vor.

Bis in den Bereich des Kraftschlussmaximums wird im Kriterium Kurvenfahrt im Grenzbereich gefahren. Als erklärende Reifenkenngröße, die hoch mit den Subjektivkriterien Kurvenfahrt im Grenzbereich und Schneller Spurwechsel korreliert ($r_{BI} \approx 0{,}7$), kann die Seitenkraft bei einem Schräglaufwinkel von $\alpha = 5°$, einem Sturzwinkel von $\gamma = 4°$ und einer Radlaständerung von $\Delta F_z = 3000$ N herangezogen werden. Bei der Kurvenfahrt mit Lastwechsel korreliert besonders der Seitenkraftwert der entlasteten Hinterachse bei ähnlichen Betriebsbedingungen ($r_{BI} \approx 0{,}7$). So muss für eine akzeptierte Funktion hohe Querkraft bei Entlastung über die Hinterachse übertragbar sein. Es ist also für gleiche Querkraft ein geringer Schwimmwinkel notwendig. Dies deutet darauf hin, dass das reifenbedingte Verhalten der Hinterachse im Kriterium Lastwechsel in der Kurve eine übergeordnete Rolle spielt.

Weiterhin korrelieren die Summe der Seitenkräfte an Vorder- und Hinterachse hoch mit den Subjektivurteilen der Kurvenfahrt. Es ist zu folgern, dass die Wirkkette zwischen Reifeneigenschaften und subjektiv empfundenem Fahrverhalten, insbesondere für die kundenrelevanten niedrigdynamischen Kriterien, über den Zwischenschritt der Fahrzeugbewegungsgrößen untersucht werden muss. Dieser Zwischenschritt stellt nicht nur eine Zusatzinformation zum Verständnis der Wirkkette dar, sondern ist für eine belastbare Objektivierung notwendig.

6.2. Einfluss der Fahrzeugreaktion auf das Subjektivurteil

Der Zusammenhang zwischen der subjektiven Beurteilung des Fahrverhaltens in verschiedenen Kriterien und objektiven Kenngrößen aus den Bewegungsgrößen des Fahrzeugs stellt eine Schlüsselrolle zum Verständnis der Wirkkette dar. Gültig sind die im Weiteren dargestellten Zusammenhänge zunächst nur in den Grenzen, die mit dem Reifen, nach üblichen Konstruktions- und Produktionsstandards gefertigt, zu beeinflussen sind. Die Bandbreite der Reifeneigenschaften, die einen Fahrdynamikeinfluss zeigen, wurde in Abschnitt 5 beschrieben. Veränderungen am Fahrzeug über den Reifen hinaus wurden im Rahmen dieser Untersuchung nicht vorgenommen.

Zur Bestimmung der Zusammenhänge zwischen Subjektivurteil und Objektivwerten wird ein korrelativer Ansatz verfolgt, wie er auch bereits in [Kud00], [Krü01] und [Neu01] vorgeschlagen wurde. Mit Objektivwerten aus der Fahrzeugmessung werden lineare, multiple Regressionsmodelle erstellt. Durch die Regressionsmodelle wird eine Prognose der subjektiven Eigenschaften auf Basis von Objektivwerten des Reifens in den Kriterien der Reifenbeurteilung ermöglicht.

Zunächst sind, um belastbare Modelle zur Vorhersage einer Funktionsbewertung aufzustellen, die für das Beurteilungskriterium relevanten Objektivwerte zu identifizieren. Diese beeinflussen maßgeblich das Subjektivurteil. Sind diese bekannt, ist deren Einfluss zu quantifizieren.

6.2.1. Auswahl relevanter Objektivgrößen

Ziel ist es, für die in Abschnitt 3 ermittelten Beurteilungsgegenstände plausible Kenngrößen der Fahrzeugrückmeldung zu benennen. Dazu werden zunächst die Werte der Einzelkorrelation zwischen Objektivwert und Subjektivurteil bestimmt. Auch ist es möglich, dass mehrere Objektivwerte für einen Beurteilungsgegenstand stehen. Daher beschreiben in der Regel auch mehrere Objektivwerte ein Kriterium der Subjektivbeurteilung, wie bereits [Siv13] feststellt. Auf mit dem Subjektivurteil gering korrelierte Objektivwerte, die zur Prognoseverbesserung dennoch in das Modell einbezogen werden, wird im nachfolgenden Abschnitt eingegangen.

Für die Kriterien des Geradeauslaufs auf ebener Fahrbahn und in Spurrinnen wird einer bzw. werden drei Objektivwerte als beschreibend identifiziert (vgl. Tabelle 6.1 und Tabelle A.7 im Anhang).

| | | eben | in Spurrinnen | |
		Spektrale Leistungsdichte der Querbeschleunigung	Varianz der Querbeschleunigung	Varianz des Lenkmoments
eben	Spektrale Leistungsdichte der Querbeschleunigung	1		
in Spurrinnen	Varianz der Querbeschleunigung	0,03	1	
	Varianz des Lenkmoments	0,07	**0,53**	1

Tabelle 6.1.: Beschreibende Objektivwerte und deren Korrelationskoeffizienten für die Kriterien des Geradeauslaufs

In Abschnitt Subjektiv 3 wurde gezeigt, dass im Kriterium des Geradeauslaufs auf ebener Fahrbahn die Fahrzeugreaktion auf geringe Fahrbahnunebenheiten, die Fahrbahnneigung sowie die Seitenwindanfälligkeit bei fixiertem Lenkrad subjektiv beurteilt werden. Im durchgeführten Manöver sind die Störung des Aufbaus sowie die Störung über ungewollte Lenkradwinkeleingaben Gegenstand der Beurteilung.

Der mit dem Subjektivurteil am höchsten korrelierte Objektivwert ist die Amplitude der spektralen Leistungsdichte der Querbeschleunigung als Effektivwert über ein Frequenzband von 0,2 Hz bis 1,5 Hz bei Fahrt mit 190 km/h und fixiertem Lenkrad über einen definierten Zeitraum von 10 s. Dieser Objektivwert ist im Messdatenumfang mit ca. $r_{BI} = -0,44$ mit dem Subjektivurteil korreliert und drückt als Maß für die kumulierte laterale Bewegung die Störungsanfälligkeit des Gesamtfahrzeugs aus. Er weist eine Temperaturabhängigkeit von $r_T = 0,27$ und $p = 0,3$ % auf, was auf die temperaturbedingte Steifigkeitsänderung des Reifens zurückzuführen ist, und wurde daher um den Umgebungstemperatureinfluss linear bereinigt. Damit steigt die Korrelation zwischen Objektivwert und Subjektivurteil auf $r_{BI} = -0,45$. Der statistische Zusammenhang weiterer Objektivwerte mit dem Subjektivurteil ist deutlich geringer. So unterscheiden sich die Reifen im Geradeauslauf auf ebener Fahrbahn gering, worauf bereits die Spreizung der Subjektivnote (vgl. Tabelle 3.5) hinweist. Zurückzuführen ist dies auf die Tatsache, dass das Kriterium stark von Umwelteinflüssen wie Seitenwind oder Fahrbahnzustand abhängig ist. Dies erschwert eine Prognose des Kriteriums Geradeauslauf auf ebener Fahrbahn.

Wie bereits in [Eng94] [Dep89] und [Ehl85] zur objektiven Bewertung des Geradeauslaufs vorgeschlagen, wird bei Geradeausfahrt auf ebener Fahrbahn eine hohe Varianz der Querbeschleunigung als laterale Unruhe wahrgenommen. Sie führt zu einem Verlaufen des Fahrzeugs, d. h. geringem Spurhaltevermögen. Objektivwerte der Giereigenfrequenz, wie in [Det05] [Sta97] [Roo95] [Far93] zur objektiven Bewertung des Geradeauslaufs angeregt, weisen im hier untersuchten Messdatenumfang keinen ausgeprägten statistischen Zusammenhang mit dem Subjektivurteil auf.

Die Analyse der Spurrinnenüberfahrt zeigt auch hier einen eindeutigen Zusammenhang zwischen einem querbeschleunigungsbezogenen Kennwert und dem Subjektivurteil. So ergibt sich für die Varianz der Querbeschleunigung ein Korrelationskoeffizient von $r_{BI} = -0,63$ mit dem Subjektivurteil (vgl. Bild 6.2). Auch die Varianz des Lenkmoments ist mit $r_{BI} = -0,50$ hoch mit dem Subjektivurteil korreliert. Beide Objektivwerte können nen jeweils den Beurteilungsgegenständen Fahrzeugreaktion und Lenkkraftschwankung, wie in Abschnitt 3 identifiziert, zugeordnet werden. Sie sind dabei untereinander mit $r_\# = 0,50$ verknüpft, und auch inhaltlich ist ein Zusammenhang vorhanden. Sind störende Einträge in den Aufbau des Fahrzeugs hoch, ist dies ebenfalls über das Lenkrad wahrzunehmen.

Über die beiden genannten Werte hinaus korreliert die Varianz der Giergeschwindigkeit ebenfalls mit dem Subjektivurteil ($r_{BI} = -0,45$), jedoch steht diese Größe ebenfalls stark mit der Querbeschleunigungsvarianz in Zusammenhang ($r_\# = 0,76$). Die als relevant für dieses Subjektivkriterium identifizierten Objektivwerte sind nur gering mit der Aussentemperatur verknüpft ($r_T < 0,15$), was auf eine geringe thermische Abhängigkeit der Reifensturzseitenkraftsteifigkeit, welche im Zusammenhang mit diesem Beurteilungskriterium im Weiteren noch diskutiert wird, hinweisen könnte.

Die ausgewählten Objektivwerte für die Kriterien der Lenkeigenschaftsbeurteilung sind in Tabelle 6.2 dargestellt (die entsprechenden Irrtumswahrscheinlichkeiten sind in Tabelle A.6 im Anhang zu finden). Die Bewertung der Fahrzeugreaktion auf die Lenkradwinkeleingabe bei niedrigster Dynamik ist Inhalt des Kriteriums Lenkansprechen. Dabei ist die Bewertung des Zeitverzugs und die Höhe der Fahrzeugreaktion bei kleinen Lenkradwinkelamplituden Gegenstand. Vorangegangene Untersuchungen nennen für die Agilität bereits Kenngrößen wie Verstärkung und Phase der Fahrzeugreaktion bezüglich des Lenkradwinkels [Mit04].

Für die Beurteilungsgegenstände des Kriteriums Lenkansprechen wurden aus den Objektivwerten der Quotient aus Querbeschleunigung und Lenkradwinkel (Verstärkung) sowie die Phase der Querbeschleunigung bezogen auf den Lenkradwinkel als beschreibende Kenngrößen identifiziert. Dabei ist bei einem im Lenkansprechen besser bewerteten Reifen der Verstärkungswert hoch und der Betrag der Phase gering. Die Einzelkorrelationen der beiden Objektivwerte betragen $r_{BI} = 0,50$ und $r_{BI} = -0,58$. Die Be-

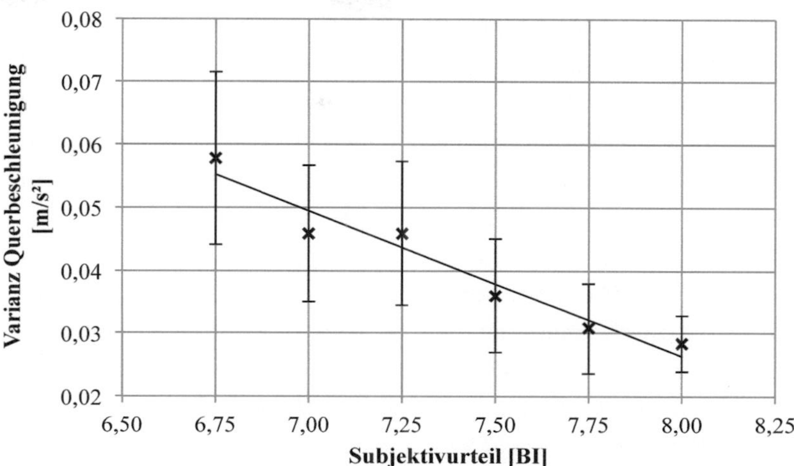

Bild 6.2.: Varianz der Querbeschleunigung (mit Regressionsgerade) über der Subjektivnote für die Spurrinnenüberfahrt mit jeweils einfacher Standardabweichung

deutung der Phase zwischen Lenkradwinkel und Querbeschleunigung für das Subjektivurteil wird u. a. in [Fuc93] [Roo95] [Sta97] [Lot97] [Wol09], die der Verstärkung in [Str82] genannt.

Im Bezug auf das Ansprechverhalten und die Agilität eines Fahrzeugs wurden bisher häufig die Phase der Übertragungsfunktion der Giergeschwindigkeit bezogen auf den Lenkradwinkel bzw. der Zeitverzug der Giergeschwindigkeit als beschreibender Objektivwert herangezogen [Wol09] [Sta97] [Far93] [Nor84] [Wei78] [Jak79], welcher in dieser Untersuchung ebenfalls stark mit dem Subjektivurteil verknüpft ist. Jedoch korrelieren die Phasenwerte von Giergeschwindigkeit bzw. Querbeschleunigung zu Lenkradwinkel mit $r_{\#} = 0,9$ hoch untereinander, sodass die mit dem Subjektivurteil höher korrelierte Größe ausgewählt wurde. Der in [Rie97] [Lin73] beschriebene zusammengesetzte TB-Wert wird hier nicht weiter verfolgt und als sachlogisch schwer erklärbar ausgeschlossen. Seine Einzelgrößen werden einbezogen. Die Verstärkung der Giergeschwindigkeit wird indirekt über Giereigenfrequenz in [Sch10] und direkt in [Zsc09] [Dec09] genannt. Die Auswertung eines festen Betriebspunktes zeigt sich hier als zielführend, da geringe Varianz in der Manöverdurchführung auftritt (siehe Abschnitt 4). Von einem Zusammenhang zwischen Reifeneigenschaften und Manöverdurchführung muss bei diesem Kriterium nicht ausgegangen werden.

Der Einfluss der Umgebungstemperatur ist mit $r_T = -0,60$ auf die Querbeschleunigungsverstärkung und $r_T = 0,44$ auf die Phase der Querbeschleunigung hoch, sodass die Objektivwerte um diesen Einfluss bereinigt wurden. Damit steigen die Einzelkorrelationswerte zum Subjektivurteil auf $r_{BI} = 0,59$ und $r_{BI} = -0,60$. Verstärkung und Phase der Querbeschleunigung stehen mit $r_\# = -0,66$ in Zusammenhang. Sie sind als unabhängig zu betrachten, wenn der Zeitverzug der Querbeschleunigung und die Querbeschleunigungsverstärkung getrennt veränderlich sind. Davon ist auf Grund der Haupteinflussgrößen auf Reifenebene auszugehen. Die Verstärkung und Phase der Giergeschwindigkeit sind dagegen mit $r_\# = -0,04$ und $p = 52\,\%$ statistisch nahezu ohne Zusammenhang.

Die Verknüpfung zwischen Subjektivurteil und objektiven Messgrößen im Bezug auf das Lenksystem, insbesondere bei Variation von Lenkungsparametern, wurde bereits umfassend in Arbeiten von [Sch10] [Zsc09] [Wol09] [Har07] [Pfe06] [Har02] [Bar04] [Sat91] untersucht. Jedoch sind Ergebnisse aufgrund abweichender Inhalte der Subjektivkriterien nur sehr begrenzt auf die Reifenbeurteilung übertragbar.
Das hier untersuchte Kriterium Lenkkraft kann in zwei auszuwertende Teilsequenzen unterteilt werden. Das Lenken mit geringer ($\delta_H = 4°$) und mit hoher Lenkradwinkelamplitude ($\delta_H = 14°$). Auch hier liegt mit fünf vergebenen BI-Stufen eine geringe Spreizung des Subjektivurteils vor.
Es wurden zwei für die Subjektivbeurteilung besonders relevante Objektivwerte identifiziert. Für den Beurteilungsgegenstand Mittenzentrierung bzw.

		Ansprechen				Verlauf Seitenführung			Lenkkraft		
		Querbeschleunigungsverstärkung	Phasenverzug Querbeschleunigung	Phasenverzug Schwimmwinkelgeschwindigkeit	Gierverstärkung	Zeitverzug zw. Lenkwinkel und Querbeschleunigung	Schwimmwinkelverstärkung	Verhältnis zw. Giergeschw. und Querbeschleunigung	Steigung der Hysterese zw. Giergeschw. und Lenkmoment bei 4° Handlenkwinkel	Totband des Lenkmoments bez. auf Giergeschw.bei 14° Handlenkwinkel	Breite der Hysterese zw. Giergeschw. und Querbeschl. bei 14° Handlenkwinkel
Ansprechen	Querbeschleunigungsverstärkung	1									
	Phasenverzug Querbeschleunigung	-0,75	1								
	Phasenverzug Schwimmwinkelgeschwindigkeit	-0,25	0,41	1							
	Gierverstärkung	0,58	-0,10	0,01	1						
Verlauf Seitenführung	Zeitverzug zw. Lenkwinkel und Querbeschleunigung	-0,59	0,70	0,43	-0,06	1					
	Schwimmwinkelverstärkung	0,31	-0,45	-0,32	-0,02	-0,43	1				
	Verhältnis zw. Giergeschw. und Querbeschleunigung	0,39	-0,48	-0,33	0,00	-0,36	0,53	1			
Lenkkraft	Steigung der Hysterese zw. Giergeschw. und Lenkmoment bei 4° Handlenkwinkel	0,34	-0,46	-0,09	-0,01	-0,47	0,21	0,18	1		
	Totband des Lenkmoments bez. auf Giergeschw.bei 14° Handlenkwinkel	0,28	-0,27	0,14	0,15	-0,26	0,00	0,17	0,38	1	
	Breite der Hysterese zw. Giergeschw. und Querbeschleunigung bei 14° Handlenkwinkel	0,45	-0,60	-0,61	-0,03	-0,55	0,35	0,39	0,27	0,22	1

Tabelle 6.2.: Korrelationskoeffizienten der ausgewählten, temperaturkorrigierten Objektivwerte für die Kriterien der Lenkeigenschaften

Steigung aus Null wird der Kennwert Steigung des Lenkmoments über der Giergeschwindigkeit bei einer Lenkradwinkelamplitude von $\delta_H = 4°$ identifiziert. Ein stärkerer Anstieg des Lenkmoments über der Giergeschwindigkeit führt dabei zu einer besseren Subjektivbeurteilung. Ähnlich zum Kriterium Lenkansprechen sind die Objektivwerte der Hystereseschleife Lenkmoment über Giergeschwindigkeit hoch mit den Werten Lenkmoment über Querbeschleunigung korreliert. Jedoch ist der Giergeschwindigkeitswert mit $r_{BI} = 0,62$ stärker mit dem Subjektivurteil verknüpft. Der Wert entspricht der sog. Lenkempfindlichkeit, wie sie auch in [Sch10] [Zsc09] angeführt wird.

Die Beschreibung des Subjektivurteils mittels der Objektivwerte aus der Hysteresenauswertung Lenkmoment zu Querbeschleunigung, wie von [Sat91] [Nor84] vorgeschlagen, hat in dieser Untersuchung zu keinen zufriedenstellenden Ergebnissen geführt.

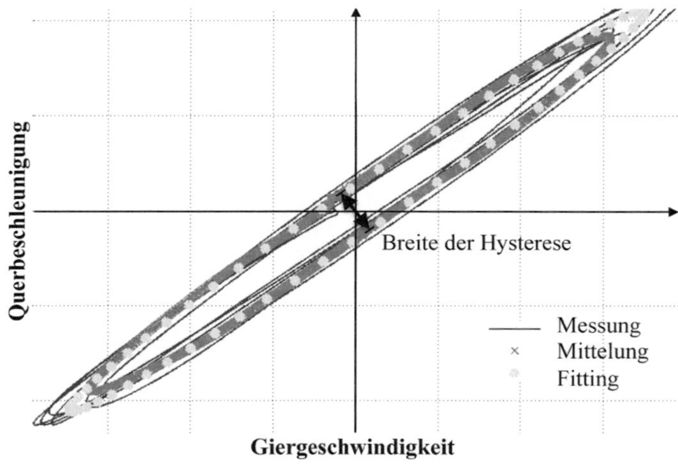

Bild 6.3.: Breite der Hysterese zwischen Giergeschwindigkeit und Querbeschleunigung als Objektivwert zur Beschreibung des Kriteriums Lenkkraft

Als weitere für die Subjektivbeurteilung relevante objektive Kenngröße ist das Totband des Lenkmoments der Hystereseschleife Lenkmoment über Giergeschwindigkeit bei einer Lenkradwinkelamplitude von $\delta_h = 14°$ zu werten ($r_{BI} = 0{,}55$). Sie ist der Wert des Lenkmoments bei Nulldurchgang der Giergeschwindigkeit und steht im Bezug auf das Lenkkraftniveau als Objektivgröße für die absolut aufzubringende Kraft am Lenkrad. Auch Schimmel [Sch10] und Wolf [Wol09] ordnen diesen Wert als relevant zur Beschreibung des Lenkgefühls ein. Weiterhin verbessert die Breite der Hysterese zwischen Giergeschwindigkeit und Querbeschleunigung (vgl. Bild 6.3) bei einer Lenkradwinkelamplitude von $\delta_h = 14°$ das Regressionsmodell zum Kriterium Lenkkraft ($r_{BI} = 0{,}37$).

Aus Abschnitt 3 ist bekannt, dass im Kriterium Verlauf Seitenführung der zeitliche Aufbau der Seitenkräfte, die in einer lateralen und rotatorischen Aufbaubewegung resultieren, im Manöver Lenkwinkelsprung subjektiv beurteilt wird.

So kann aus den Messdaten der Zeitverzug zwischen Lenkradwinkel und Querbeschleunigung bei 70 % des quasi-stationären Endwertes der Querbeschleunigung, ermittelt aus den Zeitdaten, als einer der beschreibenden Objektivwerte identifiziert werden, wie auch in [Zsc09], [Rie97] und [Che98] vorgeschlagen. Der Wert korreliert mit $r_{BI} = -0{,}50$ mit dem Subjektivurteil und ist hoch mit dem Wert bei 50 % des quasi-stationären Endwertes der Querbeschleunigung korreliert. Auffällig ist die hohe statistische Verknüpfung des Objektivwertes mit dem Zeitverzug zwischen Giergeschwindigkeit und Querbeschleunigung mit $r_{\#} = -0{,}94$, auf welchen im Kontext des Manövers Spurwechsel noch eingegangen wird. Grundsätzlich weisen die Werte der Übertragungsfunktion bei 0,7 Hz durchwegs die höchste Korrelation mit dem Subjektivurteil auf. Eine Bereinigung um den Effekt der Aussentemperatur musste hier nicht vorgenommen werden.

Ebenso hoch korreliert mit dem Subjektivurteil mit $r_{BI} = -0{,}48$ ist der Objektivwert Schwimmwinkelverstärkung aus der geschätzten Übertragungsfunktion, ausgewertet bei einer Lenkfrequenz von $f_{lenk} = 0{,}7$ Hz. Es wird also neben einem zeitlich direkten Querbeschleunigungsaufbau auch ein geringer Schwimmwinkel als positiv im Beurteilungskriterium Verlauf Seitenführung empfunden. [Bot08] postuliert diesbezüglich, dass für ein positiv empfundenes Fahrverhalten Blick- und Bewegungsrichtung nicht zu stark voneinander abweichen dürfen. Große Schwimmwinkel können dynamisch bspw. mit einer variabel übersetzten Vorderachs- und Hinterachslenkung kompensiert werden (vgl. [Gut13]), was, da bereits in einem Versuchsträger umgesetzt und durch Versuchsexperten bestätigt, zu einer Verbesserung des subjektiven Fahrverhaltens führt [Mir12].

Darüber hinaus geht das Verhältnis der Giergeschwindigkeit zur Querbeschleunigung in die Subjektivbeurteilung des Beurteilungskriteriums Verlauf Seitenführung ein. Diese Größe ist ebenfalls mit $r_{BI} = 0{,}41$ mit dem Subjektivurteil verknüpft und deutet darauf hin, dass eine hohe translatorische bezogen auf die rotatorische Bewegung bevorzugt wird. Auf diesen Sachverhalt wird im Weiteren noch genauer eingegangen.

Die drei genannten, beschreibenden Objektivwerte für das Kriterium Verlauf Seitenführung sind mit $|r_{\#}| < 0{,}5$ korreliert und damit statistisch nur gering verknüpft.

Eine tabellarische Aufführung der Korrelationskoeffizienten zwischen ausgewählten Objektivwerten und dem jeweiligen Subjektivurteil ist in Tabelle 6.3 gegeben. Beurteilungsgegenstände für das Kriterium Kurvenfahrt im Grenzbereich sind der Grip, der Lenkwinkelbedarf und die Untersteuertendenz. Für diese Beurteilungsinhalte werden jeweils die Objektivwerte Maximale Querbeschleunigung ($r_{BI} = 0{,}61$), Lenkradwinkelwert bei 10 m/s² ($r_{BI} = 0{,}32$, $p = 0{,}2$ %) und Lenkradwinkeldifferenz zwischen 9 m/s² und 10 m/s² ($r_{BI} = -0{,}25$, $p = 1{,}7$ %) identifiziert. Die genannten Objektivwerte korrelieren jeweils am höchsten mit der Subjektivbeurteilung und sind untereinander mit $|r_{\#}| < 0{,}2$ und $p > 5{,}9$ % gering korreliert. Es tritt keine ausgeprägte Korrelation mit lenkmomentbasierten Objektivwerten auf.

Kriterium		Unabhängige Variablen	r_{BI}	p
Gerade-auslauf	ebene Fahrbahn	Spektrale Leistungsdichte der Querbeschleunigung	-0,45	< 0,01 %
	in Spurrinnen	Varianz der Querbeschleunigung	-0,63	< 0,01 %
		Varianz des Lenkmoments	-0,50	< 0,01 %
Lenk-eigen-schaften	Ansprechen	Querbeschleunigungsverstärkung	0,59	< 0,01 %
		Phasenverzug Querbeschleunigung	-0,60	< 0,01 %
		Phasenverzug Schwimmwinkelgeschwindigkeit	-0,36	< 0,01 %
		Gierverstärkung	0,17	0,6 %
	Verlauf Seiten-führung	Zeitverzug zw. Lenkwinkel und Querbeschleunigung	-0,50	< 0,01 %
		Schwimmwinkelverstärkung	-0,48	< 0,01 %
		Verhältnis der Giergeschwindigkeit zur Querbeschleunigung	0,41	< 0,01 %
	Lenkkraft	Steigung der Hysterese zw. Giergeschw. und Lenkmoment bei 4° Handlenkwinkel	0,62	< 0,01 %
		Totband des Lenkmoments der Hysterese zw. Giergeschw. und Lenkoment bei 14° Handlenkwinkel	0,55	< 0,01 %
		Breite der Hysterese zwischen Giergeschw. und Querbeschleunigung bei 14°	0,37	0,2 %
Kurven-verhalten	im Grenz-bereich	Querbeschleunigungsmaximum	0,61	< 0,01 %
		Lenkwinkelwert	0,32	0,2 %
		Lenkwinkeldifferenz	-0,25	1,7 %
	Lastwechsel-reaktion	Änderung der Giergeschw.	-0,62	< 0,01 %
		Änderung Schwimmwinkel	-0,67	< 0,01 %
	Schneller Spurwechsel	Querbeschleunigungsverstärkung	0,54	< 0,01 %
		Phasenverzug zw. Giergeschw. und Querbeschleunigung	-0,47	< 0,01 %
		Phasenverzug der Giergeschw.	-0,54	< 0,01 %

Tabelle 6.3.: Korrelationen der Einzelwerte mit Subjektivurteil

Aus der Subjektivbeurteilung des Lastwechsels geht hervor, dass eine geringe Lastwechselreaktion und geringes Eindrehen subjektiv als besser beurteilt werden. Als optimal wird beurteilt, wenn kein Unterschied vor und nach der Gaswegnahme wahrnehmbar ist. Als entsprechende Objektivwerte werden die Schwimm- sowie die Gierwinkelgeschwindigkeitsdifferenz vor und nach dem Lastwechsel identifiziert. Sie sind mit $r_{BI} = -0,62$ und $r_{BI} = -0,67$ mit dem Subjektivurteil und mit $r_{\#} = 0,56$ miteinander korreliert.

Wie in Abschnitt 3 beschrieben, wird das Kriterium Schneller Spurwechsel in zwei Manöverteilen subjektiv beurteilt. Zum einen ist die Lenkanbindung Gegenstand, die mit dem Phasenverzug zwischen Giergeschwindigkeit und Querbeschleunigung, ausgewertet bei $f_{lenk} = 0,32$ Hz, beschreibbar ist ($r_{BI} = -0,47$) und als sog. Zweiphasigkeit bezeichnet wird [Hun12]. Dabei zeigt sich, dass unterhalb der Stabilitätsgrenze antizipatorisch gefahren wird, sodass die Phasenwerte bezogen auf den Lenkwinkel, wie sie bspw. im Kriterium Lenkansprechen als relevant identifiziert wurden, hier in den Hintergrund rücken.
Im zweiten Manöverteil wird die Stabilität des Fahrzeugs und der Gegenlenkbedarf nach dem Spurwechsel beurteilt. Grundsätzlich ist für einen akzeptierten Spurwechsel eine auf den Lenkradwinkel bezogene hohe Querbewegung bei geringer rotatorischer Bewegung notwendig. Nach dem Spurwechsel muss das Fahrzeug mit geringem Lenkaufwand wieder auf Kurs zu bringen sein, was jedoch mit vorherigem Sachverhalt einher geht.

Zum Subjektivurteil hoch korrelierte und zu den Beurteilungsgegenständen passende Objektivwerte sind die Querbeschleunigungsverstärkung bezogen auf den Lenkradwinkel ($r_{BI} = 0,54$) und der Phasenverzug zwischen Lenkradwinkel und Giergeschwindigkeit ($r_{BI} = -0,54$). So steht die Querbeschleunigungsverstärkung für geringen Lenkaufwand, was sowohl den maximalen Lenkwinkelwert als auch die Lenkgeschwindigkeit betrifft. Ein geringer Phasenverzug der Giergeschwindigkeit bedeutet ein spontanes Folgen der Seitenkräfte an der Vorderachse beim Gegenlenken.

Die Korrelationswerte für die Kriterien der Kurvenfahrt sind in Tabelle 6.4 dargestellt (die entsprechenden Irrtumswahrscheinlichkeiten sind in Tabelle A.7 im Anhang zu finden). Abschließend ist zu diesem Abschnitt zu erwähnen, dass bei niedrigen Fahrgeschwindigkeiten (etwa bis 60 km/h) Objektivwerte der Giergeschwindigkeit für die Beschreibung des Subjektivurteils als relevant erscheinen. Bei Fahrgeschwindigkeiten darüber sind Objektivwerte der Querbeschleunigung für das Subjektivurteil ausschlaggebend.

6.2.2. Beschreibung mittels linearer Regression

Die Zusammenhänge zwischen Subjektivurteil und Objektivwerten auf Fahrzeugebene werden mittels linearen Regressionsansätzen untersucht. Dazu werden Regressionsmodelle zu den einzelnen Beurteilungskriterien erstellt und diese mit statistischen Tests überprüft. So sind Zusammenhänge zu bestimmen und quantitativ zu beschreiben. Zudem ist es möglich die abhängige Größe, in diesem Fall die Subjektivbeurteilung, für jeden Satz an Werten der unabhängigen Größen, d. h. der fahrdynamisch für das jeweilige Kriterium relevanten Kenngrößen, zu prognostizieren. Kausale Zusammenhänge lassen sich mit der Regressionsanalyse nicht nachweisen. Es werden lediglich Kenngrößen bestimmt, welche einen statistischen Zusammenhangs beschreiben. Daher ist die logische Vereinbarkeit der Ergebnisse der Regressionsanalyse mit dem Sachverhalt stets zu überprüfen.
Da die einfache Regression in den vorliegenden Fällen kein befriedigendes Ergebnis liefert und die untersuchten Subjektivkriterien stets mehrere Teilaspekte beinhalten, ist ein multipler Regressionsansatz zur Beschreibung des quantitativen Zusammenhangs zwischen subjektiver Beurteilung und fahrdynamischer Kenngröße sinnvoll und notwendig. Bspw. [Dep89]

| | | im Grenzbereich | | | Lastwechsel | | Schneller Spurwechsel | | |
		Querbeschleunigungsmaximum	Lenkwinkelwert	Lenkwinkeldifferenz	Änderung Giergeschwindigkeit	Änderung Schwimmwinkel	Querbeschleunigungsverstärkung	Phasenverzug zw. Giergeschwindigkeit und Querbeschleunigung	Phasenverzug zw. Giergeschw. und Querbeschleunigung
im Grenz-bereich	Querbeschleunigungsmaximum	1							
	Lenkwinkelwert	-0,04	1						
	Lenkwinkeldifferenz	-0,17	0,11	1					
Last-wechsel	Änderung Giergeschwindigkeit	-0,36	-0,32	0,18	1				
	Änderung Schwimmwinkel	-0,33	-0,40	0,00	0,56	1			
Schneller Spur-wechsel	Querbeschleunigungsverstärkung	0,29	0,18	-0,12	-0,39	-0,36	1		
	Phasenverzug zw. Giergeschw. und Querbeschleunigung	-0,50	-0,18	0,06	0,46	0,30	-0,52	1	
	Phasenverzug der Gierrate	-0,29	-0,30	0,01	0,44	0,47	-0,68	0,47	1

Tabelle 6.4.: Korrelationskoeffizienten der ausgewählten Objektivwerte für die Kriterien der Kurvenfahrt

[Hil10] erwähnen bereits die Notwendigkeit zur Beschreibung eines Beurteilungskriteriums durch zwei oder mehrere Objektivwerte.

Auf die Nutzung komplexer Modelle, wie neuronale Netze, wie in [Lis98] für die Untersuchung des Subjektiv-Objektiv-Zusammenhangs vorgeschlagen, wird für die Untersuchungen im Rahmen dieser Arbeit verzichtet. Mittels linearer Regression können Zusammenhänge quantifiziert und dabei Kennwerte zur Einschätzung deren Generalisierbarkeit bestimmt werden [Rie97].

Wird die Güte des linearen Modells als hinreichend angesehen, können die Prognoseeigenschaften ausgewertet werden. Ziel ist es, mit der linearen Regression eine Unterscheidung zwischen nicht akzeptabler, mittlerer und akzeptabler Fahrfunktion in jedem Beurteilungskriterium zur ermöglichen. Dies bedeutet, dass bei einer Spreizung von 1,0 BI in einem Beurteilungskriterium 90 % der Werte mit weniger als 0,25 BI Abweichung zu prognostizieren sind.

Ansatz, Voraussetzungen und Annahmen zur Regressionsanalyse

Die Wahl der Ansatzfunktion für die Regression erfolgt mit Hilfe der Subjektivbeurteilungen (vgl. Abschnitt 3). Dabei ist eine Annahme, dass für den Subjektiv-Objektiv-Zusammenhang Linearität vorliegt. Ist das Regressionsmodell mit der Methode der kleinsten Quadrate auf die Daten der Versuche angepasst, kann dieses bewertet und auf seine Güte hin überprüft werden. Die Wahrscheinlichkeit, mit dem Regressionsmodell einen zufälligen Zusammenhang abzubilden, ist so zu minimieren. Zur Untersuchung des statistischen Zusammenhangs zwischen dem subjektiven Urteil des Gefallens eines Bewertungskriteriums und Objektivwerten der Gesamtfahrzeugmessung wird ein linearer multipler Regressionsansatz der Form

$$y = b_0 + b_1\, x_1 + b_2\, x_2 + ... + b_n\, x_n \tag{6.1}$$

gewählt. Es wird näherungsweise jeweils ein einfach linearer Zusammenhang zwischen den Prädiktoren und der Kriteriumsvariable angenommen. Gründe hierfür sind, dass bei keinem der Subjektivkriterien ein Optimum festgestellt werden konnte und ebenso das schmale Band der Fahrdynamik, das durch die Variation der Reifen abgedeckt wird. In vielen Fällen lagen nur geringfügige Modifikationen am Reifen vor. Jeder der Reifen wies Straßentauglichkeit unter dem Sicherheitsaspekt auf. Gleichzeitig stellt dies auch eine Einschränkung dieser Untersuchung dar, da nur wenige der Versuchsreifen in der Bewertung eine große Spreizung aufweisen und kein voll abdeckender DOE Plan zur getrennten Analyse der Wechselwirkungen Anwendung fand.

Ziel ist es auch, die Zahl der Koeffizienten der Regression so gering wie möglich zu halten um ein sog. Overfitting zu vermeiden (vgl. [Bac08] S. 84). Ist die Anzahl der unabhängigen Variablen zur gering, besteht das Risiko wichtige Einflussfaktoren zu übersehen und die Prognosefähigkeit so einzuschränken. Eine sachlogische Analyse und ein Abgleich mit der Subjektivbeurteilung und der damit verbundenen Auslegung der Regressionsmodelle ist also von hohem Einfluss auf die Ergebnisqualität. Eine Erweiterung auf quadratische Ansatzfunktionen wurde in mehreren Fällen geprüft und durch zu geringe Verbesserung der Modelle verworfen. Mit komplexen Modellen und der damit verbundenen Erhöhung der Anzahl an Freiheitsgraden kann zwar eine gesteigerte Modellgüte erreicht werden, die Verläufe sind jedoch nicht in allen untersuchten Fällen mit den Aussagen der Subjektivbeurteilung vereinbar.

Neben der Linearität der Zusammenhänge ist die Erfüllung weiterer Voraussetzungen für die lineare Regression notwendig [Bor10] [Bac08]. So ist zu prüfen, ob Varianzhomogenität für das Regressionsmodell gegeben ist. Die Streuung der Residuen über die Stichprobe muss für einen effizienten Schätzer möglichst gleichmäßig verteilt sein. Dies kann mit dem Goldfeld/Quandt-Test untersucht werden. Dabei werden die Varianzen zweier Teilgruppen der Stichprobe, die sich nicht überschneiden, ins Verhältnis gesetzt:

$$F_{emp} = \frac{\sigma_1^2}{\sigma_2^2} \qquad (6.2)$$

mit

$$\sigma_{1/2}^2 = \sum_{i=1}^{n_{1/2}} \frac{e_i^2}{n_{1/2} - k - 1} \qquad (6.3)$$

Bei $F_{emp} = 1$ liegt vollkommene Homoskedastizität vor. Die Residuen sind gleichmäßig über die Stichprobe verteilt.

Nun ist von Interesse, ob bei einer vorgegebenen Signifikanz von Homoskedaszitität auszugehen ist. Dies kann mit einem F-Test ermittelt werden, indem das Verhältnis der Varianzen (größerer zu kleinerer Varianz), der empirische F-Wert, mit einer F-Wert-Vorgabe verglichen wird. Ist der empirisch bestimmte F-Wert kleiner als die Vorgabe, so gilt die Nullhypothese, dass die Varianz der Teilgruppen gleich ist. Homoskedastizität liegt also, unter Berücksichtigung des Signifikanzniveaus, vor. Beispielhaft ist die Streuung für das Kriterium Lastwechselreaktion in Diagramm 6.4 dargestellt. Die linearen Strukturen sind auf die Intervallskalierung der BI Bewertung zurückzuführen.

Eine Voraussetzung für fehlerfreie Regressionsmodelle ist die Übereinstimmung von Erwartungswert und Mittelwert. Ist die Differenz nicht null, kann das Modell verzerrt werden, der Koeffizient b_o ist dann nicht richtig zu bestimmen, was zu einer Verfälschung der Koeffizienten führt. Bei sämtlichen hier aufgestellten Modellen ist die Differenz zwischen Erwartungs- und Mittelwert in etwa null.

Als weitere Voraussetzung darf für einen effizienten Schätzer keine Autokorrelation, also keine Korrelation der Residuen mit dem Schätzwert, vorliegen. Autokorrelation ist ggf. ebenso mit Hilfe des Streudiagramms (vgl. Bild 6.4) zu erkennen. Es besteht dann keine gleichmäßige Verteilung der Residuen über den Schätzwert. Weiterhin darf keine exakte Multikollinea-

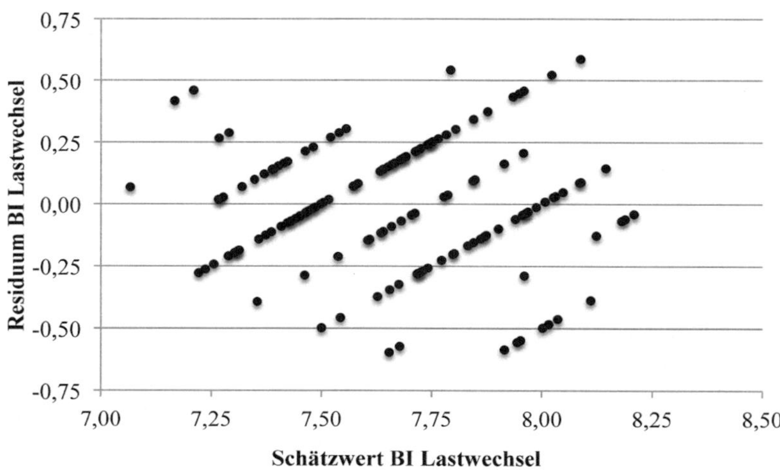

Bild 6.4.: Streudiagramm des Regressionsmodells für das Kriterium Lastwechsel-reaktion (vgl. [Bac08])

rität, d. h. keine lineare Abhängigkeit, zwischen den erklärenden Variablen bestehen, da bei Redundanz die Information nicht mehr eindeutig einer Variable zugeordnet werden kann. Multikollinearität kann trotz niedriger paarweiser Korrelation bestehen [Bac08], denn ggf. lässt sich eine Variable durch eine Linearkombination anderer abbilden und wird so überflüssig. Der Toleranzwert T_k gibt Aufschluss über Multikollinearität:

$$T_k = 1 - R_k^2 \tag{6.4}$$

mit dem Bestimmtheitsmaß R^2 der unabhängigen Variable auf alle anderen unabhängigen Variablen der Regression. Ist die Toleranz T_k nahe 1, so liegt lediglich geringe Multikollinearität bezüglich der Variablen k vor. Es wird im Weiteren in Bezug auf die ausgewählten Regressionsvariablen auf die Toleranz der unabhängigen Variablen eingegangen.

Für die F- und t-Teststatistik sowie die im Folgenden angewandten Signifi-kanztests ist für deren Gültigkeit entweder die Normalverteilung der abhängigen Variable des Regressionsmodells oder ein Stichprobenumfang $n > 40$ Voraussetzung [Bac08]. Letzteres ist für sämtliche hier dargestellten Regressionsmodelle erfüllt.

Regressionsmodelle im Kontext der Fahrzeugmessungen

Die Prämisse zur Auswahl der erklärenden, unabhängigen Variablen für die Regression wurde bereits im letzten Abschnitt beschrieben. Die Auswahl der eingeschlossenen unabhängigen Variablen erfolgte durch die Ausprägung der Einzelkorrelation, mittels sachlogischer Überlegungen und über fahrdynamische Zusammenhänge. Darüber hinaus werden in einigen Fällen Variablen eingeschlossen, die nicht direkt beitragen und auch u. U. nicht direkt inhaltlich erklärbar sind, jedoch modellverbessernde Wirkung haben, ein sog. Suppressor. Dieser kann das Regressionsmodell verbessern, indem er die Streuung einer erklärenden Variable kompensiert [Bor10]. Er ist zwar nicht mit der abhängigen Variable korreliert, jedoch mit einer unabhängigen und verringert die Fehlervarianz, d. h. erhöht die erklärbare Varianz einer unabhängigen Variable. Bei Auswahl erklärender Variablen ist somit zu prüfen, ob weitere Variablen als Suppressoren für das Modell geeignet sind.

Für die Regression wird der maximale Umfang der Stichprobe, unter Berücksichtigung der Gründe für den Ausschluss einzelner Beobachtungswerte, herangezogen. So gehen Ausreißer, also Werte, die ausserhalb eines definierten Bereichs liegen, nicht in die Modellerstellung ein. In einigen Fällen ist dadurch die Manöverdefinition nicht erfüllt oder es wurde kein Subjektivurteil abgegeben. Um für ein aufgestelltes Modell die Güte zu bestimmen, können verschiedene Kennwerte herangezogen werden. So ist der Zusammenhang zwischen den prognostizierten und den tatsächlichen Werten mit dem Bestimmtheitsmaß $R^2 = \frac{erklärbare\ Streuung}{Gesamtstreuung}$ zu beschreiben mit:

$$R^2 = \frac{\sum_{i=1}^{n}(y_{Reg,i} - y_{mw})^2}{\sum_{i=1}^{n}(y_i - y_{mw})^2} \tag{6.5}$$

Das Bestimmtheitsmaß ist also eine Kenngröße, um den Erklärungsgehalt eines Regressionsmodells zu beschreiben. Je höher das Bestimmtheitsmaß ist, desto besser ist der lineare Zusammenhang zwischen den original Subjektivurteilen und den prognostizierten Werten. Da die Prognoseeigenschaften des Modells von der Zahl der Prädiktorvariablen abhängig sind, dies jedoch nicht durch das Bestimmheitsmaß berücksichtigt wird, ist ein korrigiertes Bestimmheitsmaß R^2_{korr} zu bestimmen, das diese berücksichtigt:

$$R^2_{korr} = R^2 - \frac{k\,(1 - R^2)}{n - k - 1} \tag{6.6}$$

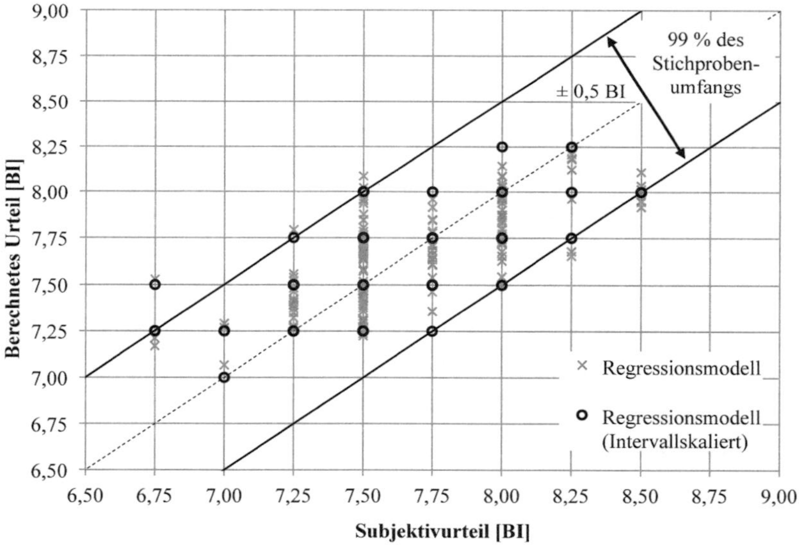

Bild 6.5.: Prognosemodell für das Kriterium Lastwechselreaktion

Das lineare Regressionsmodell in Bild 6.5 zeigt die prognostizierten Urteile über die originalen Subjektivwerte. Über den Zahlenwert hinaus lohnt es sich zu prüfen, in welchem Bereich das Regressionsmodell gute Übereinstimmung hat und wo diese schlechter wird, da das Bestimmtheitsmaß immer nur die gesamte Anzahl an Datenpunkten beinhaltet. Der Wert gibt jedoch nicht Aufschluss, in welchem Bereich die Übereinstimmung besser oder schlechter ist.

Die Modellgüte nimmt an den Rändern der Bewertung ab. Dies ist grundsätzlich bei allen Kriterien der Fall.

Die erstellten Modelle, ausgenommen das für das Kriterium des Geradeauslaufs eben, weisen ein Bestimmtheitsmaß von $R^2 = 0{,}3...0{,}5$ auf. Die Irrtumswahrscheinlichkeit beträgt für sämtliche Modelle $p < 0{,}01$ %. Jedoch beinhaltet das Bestimmtheitsmaß keine Aussage über den absoluten Prognosefehler. Eine Kenngröße dafür ist der mittlere Schätzfehler. Die Werte der erstellten Regressionsmodelle sind in Tabelle 6.5 aufgeführt.

Kriterium		Stichproben- umfang n	Bestimmt- heitsmaß R^2	Standard- schätz- fehler s	F-Wert	Bestimmt- heitsmaß Validierung R^2
Geradeauslauf	ebene Fahrbahn	119	0,20	0,15	24,33	0,21
	in Spurrinnen	150	0,42	0,27	53,20	0,42
Lenk- eigenschaften	Ansprechen	260	0,45	0,21	52,32	0,46
	Verlauf Seitenführung	181	0,31	0,14	26,26	0,32
	Lenkkraft	70	0,52	0,18	24,24	0,52
Kurven- verhalten	im Grenzbereich	90	0,50	0,24	28,17	0,45
	Lastwechsel- reaktion	152	0,51	0,26	77,48	0,49
	Schneller Spurwechsel	267	0,38	0,29	53,33	0,36

Tabelle 6.5.: Kenngrößen zur Güte der Regressionsmodelle

Die Abweichungen zwischen den original Werten $y*$ und den prognostizierten Werten y des Stichprobenumfangs werden als Residuen ε_k bezeichnet.

Sie repräsentieren die Abweichung zwischen Prognose und tatsächlichen Werten und ihre Beträge sollen minimal sein.

Daher ist als weitere, die Modellgüte beschreibende Größe, der Standardschätzfehler s heranzuziehen:

$$s = \sqrt{\sum \frac{e_i^2}{n-k-1}} \tag{6.7}$$

Dieser liegt bei den Regressionsmodellen der untersuchten Kriterien zwischen 0,14 und 0,29 BI. Bei gleichem Bestimmtheitsmaß und größerer Spreizung der Subjektivbeurteilung wird dieser Wert höher, im Schnitt etwa 0,25 BI, was dem Zielwert entspricht.

Da ein Regressionsmodell stets nur die Stichprobe beschreiben kann, ist zu prüfen, ob die modellierten Zusammenhänge auch für die Grundgesamtheit gelten. Die Signifikanz eines Regressionsmodells kann mit dem F-Test überprüft werden. Dazu wird ein F-Wert berechnet mit:

$$F_{emp} = \frac{R^2/k}{(1-R^2)/(n-k-1)} \tag{6.8}$$

Ist der berechnete F-Wert größer als der theoretische, ist die Nullhypothese, alle Regressionskoeffizienten sind null, zu verwerfen. Die empirisch bestimmten F-Werte der Regressionsmodelle weisen durchgängig einen Wert von $F_{emp} > 20$ auf. Das Signifikanzniveau ist damit kleiner $0,1\%$, d. h. sämtliche Modelle sind als signifikant zu betrachten.

Die beschreibenden Objektivwerte sowie statistischen Kenngrößen der Regressionsmodelle sind im Anhang in Tabelle A.8 zu finden.

Liegt ein plausibles Regressionsmodell vor, erfolgt die Validierung. Dazu wird das Modell mit 9 von 10 etwa gleichgroßen, zufälligen Teilumfängen der Stichprobe erstellt und mit dem verbliebenen Teil überprüft. Dies erfolgt mit jedem der 10 Teilumfänge. Die gemittelten Kennwerte der Validierungsmodelle können nun dem eigentlichen Regressionsmodell gegenübergestellt werden. Weichen die modellbeschreibenden Kenngrößen stark von denen des eigentlichen Modells ab, so ist das Regressionsmodell in Frage zu stellen. Für eine abschließende Überprüfung sollte ein Datensatz, der nicht in die Modellbildung einfließt, verwendet werden. Darauf wird im Abschnitt 7 eingegangen.

Kriterium		BI-Stufen	Max Abw. [BI]	ohne Abw.	< 0,25 BI Abw.	< 0,50 BI Abw.
Geradeauslauf	ebene Fahrbahn	4	0,50	61%	98%	100%
	Spurrinnen	6	0,75	31%	87%	97%
Lenk-eigenschaften	Ansprechen	6	0,75	54%	92%	100%
	Verlauf Seitenführung	4	0,50	69%	99%	100%
	Lenkkraft	5	0,50	53%	99%	100%
Kurvenfahrt	Grenzbereich	7	0,75	38%	88%	98%
	Lastwechsel-reaktion	8	0,75	36%	86%	99%
	Schneller Spurwechsel	7	1,00	36%	81%	96%
Zielvorgabe				**30%**	**80%**	**95%**

Tabelle 6.6.: Kenngrößen zur Prognosesicherheit der Regressionsmodelle bei Intervallskalierung der Schätzungen

Weiterhin ist festzustellen, welchen Anteil ein Prädiktor an der Prognose des Regressionsmodells besitzt. Da Regressionskoeffizienten direkt nicht vergleichbar sind, müssen diese standardisiert werden, um so also Beta-Werte zu berechnen. Diese dienen als Maß für den Einfluss des Prädiktors am Ergebnis und können einander gegenüber gestellt werden.

Der t-Test ist ein Hypothesentest zur Prüfung, ob ein unbekannter, wahrer Regressionskoeffizient bei einem vorgegebenen Signifikanzniveau einen

Beitrag zur Prognose leistet. Der t-Wert eines Regressionskoeffizienten berechnet sich mit dessen Standardfehler s_{bj} nach [Bac08] zu

$$t = \frac{b_j}{s_{bj}} \tag{6.9}$$

Ist der berechnete Wert eines Koeffizienten größer als der theoretische Wert, ist der Einfluss des Prädiktors auf die Prognose als signifikant anzunehmen. Die Irrtumswahrscheinlichkeit wird im Rahmen dieser Untersuchungen, wie in den Natur- und Sozialwissenschaften üblich, auf 5 % festgelegt. Zusätzlich zum t-Test ist ein p-Wert zu bestimmen, der die Wahrscheinlichkeit, dass eine Variable keinen Erklärungsgehalt besitzt bzw. nicht signifikant zur Prognose beiträgt, beschreibt. Nur in einem Fall wird das 5 % Signifikanzniveau bei einer erklärenden Variable, also keinem Suppressor, überschritten. Der Objektivwert der Lenkradwinkeldifferenz des Kriteriums Kurvenfahrt im Grenzbereich liegt über dieser definierten Schwelle. Da nun davon ausgegangen werden kann, dass ein wahrer Koeffizient nicht null ist, bleibt zu klären, in welchem Bereich sich ein wahrer Regressionskoeffizient mit einer vorgegeben Wahrscheinlichkeit befindet. Dieser Bereich wird als Konfidenzintervall beschrieben und im Folgenden für eine Wahrscheinlichkeit von 95 % berechnet. Der Wertebereich des Konfidenzintervalls soll klein sein, da so der Einfluss des Koeffizienten ähnlich dem wahren Einfluss ist. Weiterhin ist ein Vorzeichenwechsel zu beachten. Liegt dieser im Intervall vor, so besteht die Möglichkeit, dass der Einfluss der Variable auch ein umgekehrter sein kann. Der Koeffizient passt dann ggf. nicht mehr zum Inhalt. In diesem Fall muss also mit Fachwissen und Sachlogik Klarheit darüber erlangt werden, ob der modellierte Zusammenhang dem Sachverhalt entspricht. Die Prognoseabweichungen für sämtliche Regressionsmodelle sind in Tabelle 6.6 dargestellt.

6.3. Einfluss der Reifeneigenschaften auf die Fahrzeugreaktion

Dieser Abschnitt schließt die Lücke zwischen funktionalen Reifeneigenschaften und deren Auswirkung auf Fahrverhalten und Lenkgefühl. Dazu werden Wertebereiche der entsprechenden Eigenschaften genannt und mittels Prinzipmodellen der Reifeneinfluss auf das Fahrverhalten ermittelt. Eine Reduktion der Komponentengröße auf Achsebene und damit die Einbindung in ein einfaches Fahrdynamikmodell wird durchgeführt.

Im Folgenden wird davon ausgegangen, dass im niedrigdynamischen Bereich der Einfluss durch eine Radlaständerung nur geringfügig vorhanden ist. So tritt keine Schwächung der Achse bei niedrigdynamischer Fahrt auf. Jedoch setzt bei höherer Dynamik Degression des Seitenkraftpotentials über die Radlaständerung ein. Insbesondere das Phasenverhalten der Querbeschleunigung zu Lenkradwinkel und Giergeschwindigkeit wird dadurch beeinflusst. In Abhängigkeit des Reifens und dessen Eigenschaften ist diese Degression ab einer Querbeschleunigung von etwa $a_y = 2$ m/s^2 zu berücksichtigen.

Das Vorgehen in diesem Abschnitt gliedert sich wie folgt. Die Wirkkette zwischen Reifeneigenschaften und Fahrzeugverhalten wird untersucht. Reifeneigenschaften werden dazu in entsprechenden Betriebspunkten mit den relevanten, im vorhergehenden Abschnitt erläuterten Werten auf Fahrzeugebene korreliert. Dazu liegen in Summe $n = 45$ Datensätze unterschiedlicher Reifen vor, für die nicht in jedem Fall auch verwertbare Fahrzeugmesswerte vorliegen.

So ergibt sich für den relevanten Objektivwert, der spektralen Leistungsdichte der Querbeschleunigung, für das Kriterium des Geradeauslaufs auf ebener Fahrbahn die Forderung nach einer geringen Schräglaufsteifigkeit. Auch eine geringe Sturzsteifigkeit führt zu einem Objektivwert für positiv empfundenes Fahrverhalten, was auf einen stärkeren Konstantverzug bei bombierter Fahrbahn zurückzuführen sein könnte. Für das Geradeauslaufverhalten in Spurrinnen liegt ein Sachverhalt in ähnlicher Art vor. So steht die Höhe der Querbeschleunigungsvarianz mit der Schräglaufsteifigkeit und Sturzsteifigkeit statistisch in Zusammenhang.

Für die Varianz des Lenkmoments entsteht die Forderung nach geringer Schräglaufsteifigkeit. Die laterale Steifigkeit des Reifens, bzw. das laterale Einlaufverhalten kann hier nicht statistisch mit relevanten Objektivwerten der Kriterien des Geradeauslaufs in Verbindung gebracht werden.

Für die Objektivwerte des Kriteriums Lenkansprechen zeigten sich folgende statistische Zusammenhänge:

- die Querbeschleunigungsamplitude ist gering mit der Schräglaufsteifigkeit verknüpft,

- die Phase zwischen Lenkwinkel und Querbeschleunigung ist ausgeprägt mit der Schräglaufsteifigkeit verknüpft,

- sie ist ebenso mit der lateralen Steifigkeit korreliert und

- die Phase zwischen Lenkeingabe und Schwimmwinkelgeschwindigkeit ist ausgeprägt mit der Schräglaufsteifigkeit verknüpft.

Die Ergebnisse zeigen, je höher der Wert der Schräglaufsteifigkeit ist, besonders an der Hinterachse, desto geringer ist der Wert der Phase zwischen Lenkeingabe und Querbeschleunigung. Die laterale Reifensteifigkeit c_y und die Einlauflänge σ_α sind ebenso mit der genannten Phase korreliert. Hier besteht jedoch kaum Einfluss auf die Amplituden der Giergeschwindigkeit sowie Querbeschleunigung.

Objektivwerte des Kriteriums Lenkkraft sind mit den Reifeneigenschaften Schräglaufsteifigkeit, Sturzsteifigkeit und laterale Steifigkeit gering bis mittelstark korreliert. Auch der pneumatische Nachlauf hat statistisch, wenn auch nur geringen, Einfluss auf den Lenkmomentwert bei gleicher Giergeschwindigkeit.

Für die Objektivwerte des Kriteriums Verlauf Seitenführung ergeben sich für den Zeitverzug der Querbeschleunigung die Schräglaufsteifigkeit und die Steigung der Schräglaufsteifigkeit über die Radlast. Für die Schwimmwinkelverstärkung sind die laterale Steifigkeit sowie die Schräglaufsteifigkeit als statistisch verknüpft. Eine Übersicht der interpretierten Zusammenhänge für die Beurteilungskriterien im niedrigdynamischen Bereich ist mit Tabelle 6.7 gegeben.

Für die Beurteilungskriterien im höherdynamischen Bereich werden für die Korrelationsanalyse Reifeneigenschaftsgrößen des Magic Formula Tyre Reifenmodells herangezogen. Zusammenhänge zwischen Reifeneigenschaften und Objektivwerten des Lastwechsel in der Kurve treten bei insgesamt 16 auswertbaren Datensätzen insbesondere zwischen der Schwimmwinkeldifferenz vor und nach dem Lastwechsel und der Schräglaufsteifigkeit an der Hinterachse, der stationären Achsseitenkraft sowie des lateralen Kraftschlussmaximums auf. Für die Giergeschwindigkeitsdifferenz bei Lastwechsel liegt keine auffällige Korrelation mit einer Reifencharakteristik vor.

Der Objektivwert der maximalen Fahrzeugquerbeschleunigung der Kurvenfahrt im Grenzbereich korreliert auffällig mit der maximalen Achsseitenkraft an der Hinterachse. Für den Lenkradwinkelwert sind dies die Achsseitenkraft, die Seitenkraftsumme und das Kraftschlussmaximum von Vorder- und Hinterachse. Signifikant korrelierte Reifencharakteristika für den Objektivwert der Lenkradwinkeldifferenz konnten nicht gefunden werden.

Auch für das Subjekivkriterium des schnellen Spurwechsels waren signifikant korrelierte Objektivwerte zu ermitteln. So sind für die Phase zwischen Giergeschwindigkeit und Querbeschleunigung bei $f_{lenk} = 0{,}32$ Hz die Schräglaufsteifikeit, die Einlauflänge, die Degression der Seitenkraft über die Radlast an der Vorderachse sowie die stationäre Seitenkraft zu nennen.

Für den Objektivwert der Amplitude zwischen Lenkwinkel und Querbe-

Kriterium	Objektivwert	Schräglaufsteifigkeit		Sturzsteifigkeit		laterale Steifigkeit		Reifennachlauf	
		Ten-denz	$r_{UV,TC}$ (p)	Ten-denz	$r_{UV,TC}$ (p)	Ten-denz	$r_{UV,TC}$ (p)	Ten-denz	$r_{UV,TC}$ (p)
Geradeauslauf eben	Spektrale Leistungsdichte der Querbeschleunigung	↙	0,37 (1,1 %)	↙	0,38 (1,1 %)	-	-0,15 (35,4 %)	-	-0,18 (25,5 %)
Geradeauslauf in Spurrinnen	Varianz der Querbeschleunigung	↙	0,49 (0,1 %)	↙	0,55 (0 %)	-	0,34 (2,0 %)	-	0,04
	Varianz des Lenkmoments	↙	0,50 (0 %)	-	0,19 (18,8 %)	-	0,23 (14,0 %)	-	0,13 (35,4 %)
Ansprechen	Querbeschleunigungsverstärkung	↖	0,37 (1,1 %)	-	-0,05	-	0,26 (7,9 %)	-	0,30 (4,5 %)
	Phasenverzug Querbeschleunigung	↖	0,40 (0,6 %)	-	-0,04	↖	0,44 (0,3 %)	-	0,07
	Phasenverzug Schwimmwinkelgeschwindigkeit	-	0,12 (51,3 %)	-	0,07	-	0,34 (2,0 %)	-	-0,06
Verlauf Seitenführung	Zeitverzug zw. Lenkwinkel und Querbeschleunigung	↖	0,33 (2,6 %)	-	0,21 (18,8 %)	↖	-0,29 (6,0 %)	-	0,47 (0,1 %)
	Schwimmwinkelverstärkung	↖	0,45 (0,2 %)	-	0,07	↖	0,50 (0 %)	-	0,59 (0 %)
	Verhältnis zw. Giergeschw. und Querbeschleunigung	-	0,25 (10,5 %)	-	0,07	↖	0,40 (0,6 %)	-	-0,28 (6,0 %)
Lenkkraft	Steigung der Hysterese zw. Giergeschw. und Lenkmoment bei 4° Handlenkwinkel	↖	0,25 (10,5 %)	-	0,28 (6,0 %)	-	-0,06	-	0,14 (35,4 %)
	Totband des Lenkmoments bez. auf Giergeschw. bei	↖	0,40 (0,6 %)	-	0,41 (0,5 %)	-	-0,02	↖	0,37 (1,1 %)
	Breite der Hysterese zw. Giergeschw. und Querbeschl. bei 14° Handlenkwinkel	↖	0,70 (0 %)	-	0,24 (10,5 %)	-	0,35 (2,0 %)	-	-0,14 (35,4 %)

Die Pfeile beziehen sich auf die geforderte Reifenkenngröße für einen Objektivwert bei positiv empfundenem Fahrverhalten.

Tabelle 6.7.: Übersicht der Zusammenhänge zwischen ausgewählten Reifenkenngrößen und Fahrzeugobjektivwerten für die Beurteilungskriterien im niedrigdynamischen Bereich schleunigung bei $f_{lenk} = 1,25$ Hz hängen die Reifencharakteristika Kraftschlussmaximum, Achsseitenkraft stationär sowie Seitenkraftsumme zusammen. Der Objektivwert Phase zwischen Lenkwinkel und Giergeschwindigkeit bei $f_{lenk} = 1,25$ Hz ist mit dem Kraftschlussmaximum und der stationären Achsseitenkraft verknüpft. Eine Übersicht der interpretierten Zusammenhänge für die Beurteilungskriterien im höherdynamischen Bereich ist mit Tabelle 6.8 gegeben.

Kriterium	Objektivwert	stationäre Achsseitenkraft		laterales Kraftschlussmaximum		Degression der Seitenkraft	
		Tendenz	$r_{UV,TC}$ (p)	Tendenz	$r_{UV,TC}$ (p)	Tendenz	$r_{UV,TC}$ (p)
Kurvenfahrt im Grenzbereich	Querbeschleunigungsmaximum	-	0,32 (3,4 %)	↖	0,40 (0,6 %)	-	0,42 (0,4 %)
	Lenkwinkelwert	↖	0,51 (0 %)	↖	0,58 (0 %)	-	0,38 (1,1 %)
	Lenkwinkeldifferenz	-	-0,23 (14,0 %)	-	-0,03	-	-0,29 (6,0 %)
Lastwechselreaktion	Änderung Giergeschwindigkeit	-	-0,64 (0 %)	-	-0,44 (0,3 %)	-	-0,44 (0,3 %)
	Änderung Schwimmwinkel	-	0,22 (14,0 %)	↖	0,50 (0 %)	-	-0,01
Schneller Spurwechsel	Querbeschleunigungsverstärkung	↖	0,60 (0 %)	↖	0,47 (0,1 %)	-	0,36 (1,5 %)
	Phasenverzug zw. Giergeschw. und Querbeschleunigung	↖	0,50 (0 %)	-	0,47 (0,1 %)	↙	0,50 (0,0 %)
	Phasenverzug zw. Lenkwinkel und Giergeschwindigkeit	↖	0,50 (0 %)	↖	0,50 (0 %)	-	0,35 (2,0 %)

Die Pfeile beziehen sich auf die geforderte Reifenkenngröße für einen Objektivwert bei positiv empfundenem Fahrverhalten.

Tabelle 6.8.: Übersicht der Zusammenhänge zwischen ausgewählten Reifenkenngrößen und Fahrzeugobjektivwerten für die Beurteilungskriterien im höherdynamischen Bereich

Zusammenfassend ist aus der Korrelationsanalyse festzuhalten, dass eine geringe Schräglaufsteifigkeit für ein akzeptables Geradeauslaufverhalten, jedoch eine hohe Schräglaufsteifigkeit für direktes Lenkansprechen und unverzögerte Seitenführung zu fordern ist. Dieser Zielkonflikt, da mit der Schräglaufsteifigkeit an der Vorderachse defacto die Lenkübersetzung beeinflusst wird, deutete bereits [Wal73] an und kann hier bekräftigt werden. Um ein differenziertes Bild der Zusammenhänge zwischen Reifeneigenschaften und Fahrverhalten zu gewinnen sind jedoch Untersuchungen mit physikalischen Prinzipmodellen notwendig.

Das Ziel, Verständnis der Wirkkette, wird durch die konkrete Ermittlung, welche Reifeneigenschaften sich auf die Fahrzeugreaktion auswirken, erreicht. Einfache Querdynamikmodelle, wie auch in [Siv13] empfohlen, bieten hier die Möglichkeit, qualitative Zusammenhänge detailliert zu analysieren. Bewusst wird auf eine komplexere Simulationsumgebung mit hoher Modellierungstiefe verzichtet. Diese sollte im Nachgang zu einer Quantifizierung der Zusammenhänge genutzt werden.

Das analytische Einspurmodell nach Rieckert und Schunck [Rie40] kann um die Reifeneinlauflänge erweitert werden. Der Einfluss dieser, bzw. der Querfedersteifigkeit, wurde bereits in [Pil77] betont.

Im Weiteren erfolgt zunächst eine Beschreibung sowie Umformung der lateralen Einlauflänge. Damit kann diese dann in ein analytisches Fahrdynamikmodell integriert und die Lösung bestimmt werden. Die Einlauflänge nach [Böh66] ist mit dem Ausdruck

$$\tau \, \dot{F}_y + F_y = c_\alpha \, \alpha \tag{6.10}$$

sowie dem Zusammenhang

$$\tau = \frac{\sigma_\alpha}{v} \tag{6.11}$$

beschreibbar. Zu lösen ist die Differentialgleichung mit

$$F_y = C\, e^{-\frac{t}{\tau}} + e^{-\frac{t}{\tau}}\, \frac{c_\alpha}{\tau}\, \int \alpha(t)\, e^{\frac{t}{\tau}}\, dt \tag{6.12}$$

dabei lässt sich das Integral ausdrücken mit

$$\int \alpha(t)\, e^{\frac{t}{\tau}}\, dt = \tau\, e^{\frac{t}{\tau}} (\alpha - \tau\, \dot{\alpha} + \tau^2\, \ddot{\alpha} - \ldots + \tau^n\, \frac{d^n \alpha}{dt^n}) \tag{6.13}$$

bei $n \to \infty$. Liegt näherungsweise zum Startzeitpunkt keine Seitenkraft vor, so ist $C = 0$.

Wie bereits in Abschnitt 4 beschrieben, kann für das Einspurmodell das Kräfte- sowie Momentengleichgewicht aufgestellt werden. Wird das Integral durch Vernachlässigung der Terme $3 \ldots n$ sowie $\cos \alpha \approx 1$ abgeschätzt, lässt sich das Kräftegleichgewicht mit

$$F_{y,TraegheitFahrzeug} = F_{y,Achsseitenkraefte} \tag{6.14}$$

$$m\, a_y = c_{\alpha,v} \left(\delta - \beta - \frac{l_v}{v}\, \dot{\psi} - \tau_v\, \dot{\delta} + \tau_v\, \dot{\beta} + \tau_v\, \frac{l_v}{v}\, \ddot{\psi}\right)$$
$$- c_{\alpha,h} \left(\beta - \frac{l_h}{v}\, \dot{\psi} - \tau_h\, \dot{\beta} + \tau_h\, \frac{l_h}{v}\, \ddot{\psi}\right) \tag{6.15}$$

und das Momentengleichgewicht mit

$$M_{z,TraegheitFahrzeug} = M_{z,Achsseitenkraefte} \tag{6.16}$$

$$J_z\, \ddot{\psi} = c_{\alpha,v} \left(l_v\, \delta - l_v\, \beta - \frac{l_v^2}{v}\, \dot{\psi} - \tau_v\, l_v\, \dot{\delta} + \tau_v\, l_v\, \dot{\beta} + \tau_v\, \frac{l_v^2}{v}\, \ddot{\psi}\right)$$
$$+ c_{\alpha,h} \left(l_h\, \beta - \frac{l_h^2}{v}\, \dot{\psi} - \tau_h\, l_h\, \dot{\beta} + \tau_h\, \frac{l_h^2}{v}\, \ddot{\psi}\right)) \tag{6.17}$$

beschreiben. Die beiden Gleichungen sind durch einmaliges Differenzieren, durch Einsetzen des Zusammenhangs $\beta = \frac{\dot{y}}{v} - \psi$, den Substitutionen $a_y = \ddot{y}$ und $\psi_a = \dot{\psi}$ sowie mit den Formulierungen $\underline{x} = \begin{bmatrix} a_y \\ \psi_a \end{bmatrix}$ und $\underline{u} = \begin{bmatrix} \delta \end{bmatrix}$ auf die Form

$$\underline{A}\,\ddot{\underline{x}} + \underline{B}\,\dot{\underline{x}} + \underline{C}\,\underline{x} = \underline{D}\,\ddot{\underline{u}} + \underline{E}\,\dot{\underline{u}} \tag{6.18}$$

zu bringen. Um nun die Übertragungsfunktion zu erhalten, ist die Lösung des inhomogenen Gleichungssystems notwendig. Dazu können Ansatzfunktionen für harmonische Anregung eingeführt werden:

$$a_y = \hat{a}_y\, e^{i\Omega t}\ ; \qquad\qquad \psi_a = \hat{\psi}_a\, e^{i\Omega t}\ ; \qquad\qquad \delta = \hat{\delta}\, e^{i\Omega t}\ ;$$

mit $\Omega = 2\,\pi\,f_{lenk}$ eingesetzt in das Differentialgleichungssystem 6.18 ergibt sich

$$-\Omega^2\,\underline{A}\,\hat{\underline{x}} + i\,\Omega\,\underline{B}\,\hat{\underline{x}} + \underline{C}\,\hat{\underline{x}} = -\Omega^2\,\underline{D}\,\hat{\underline{\delta}} + i\,\Omega\underline{E}\,\hat{\underline{\delta}} \tag{6.19}$$

Durch Umformung auf

$$\underline{A}^{\star}\,\hat{\underline{x}} = \underline{B}^{\star}\,\hat{\underline{u}} \tag{6.20}$$

mit $\underline{A}^{\star} = -\Omega^2\,\underline{A} + i\,\Omega\,\underline{B} + \underline{C}$ und $\underline{B}^{\star} = -\Omega^2\,\underline{D} + i\,\Omega\,\underline{E}$ kann die Übertragungsfunktion $\underline{H}$ zu

$$\underline{H} = \begin{bmatrix} \frac{\hat{a}}{\hat{\delta}} \\ \frac{\hat{\psi}_a}{\hat{\delta}} \end{bmatrix} = \underline{A}^{\star-1}\,\underline{B}^{\star} \tag{6.21}$$

bestimmt werden. Gier- und Querbeschleunigungsverstärkung sind mit

$$H_{\frac{\hat{a}}{\hat{\delta}}} = \frac{1}{\Delta}(a_{22}^{\star}b_1^{\star} - a_{12}^{\star}b_2^{\star}) \tag{6.22}$$

$$H_{\frac{\hat{\psi}_a}{\hat{\delta}}} = \frac{1}{\Delta}(a_{11}^{\star}b_2^{\star} - a_{21}^{\star}b_1^{\star}) \tag{6.23}$$

und

$$\Delta = (\Omega^2\,(a_{12}c_{21} - a_{22}c_{11} + b_{12}b_{21} - b_{11}b_{22}) + c_{11}c_{22} + c_{12}c_{21})$$
$$+\, i\,\Omega\,(\Omega^2\,(a_{12}b_{21} - a_{22}b_{11}) + b_{11}c_{22} + b_{22}c_{11} - b_{12}c_{21} - b_{21}c_{12}) \tag{6.24}$$

sowie $a_{11} = a_{21} = 0$ für den vorliegenden Fall beschreibbar. Ausführliche Erläuterungen hierzu sind in [Vie08] und [Mit04] zu finden.

Das Übertragungsverhalten kann nun über die Frequenz dargestellt werden (vgl. Bild 6.6 und 6.6). Die laterale Reifeneinlauflänge σ_α beträgt hier 0 m, 0,3 m und 0,6 m.

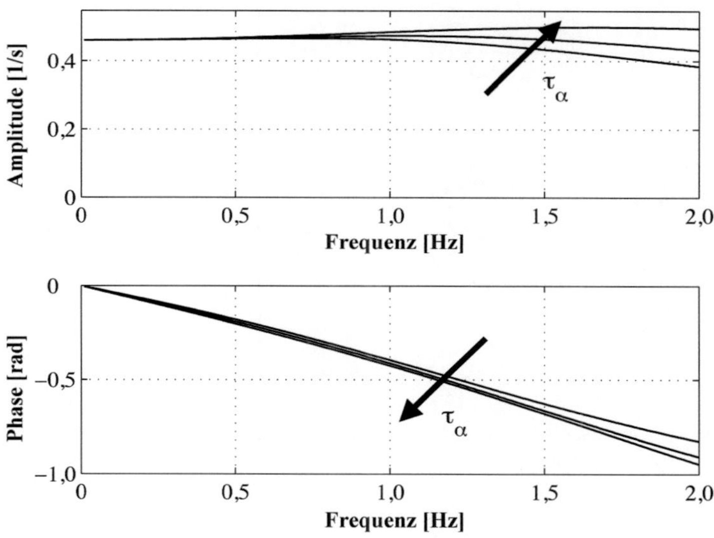

Bild 6.6.: Gierübertragungsverhalten bei Änderung der Zeitkonstante

Zu bemerken ist die deutliche Auswirkung der Einlauflänge auf das Phasenverhalten. Mit einem Anstieg der Einlauflänge wird der Phasenverzug größer, aber auch die Amplitude der Giergeschwindigkeit steigt bei höheren Lenkfrequenzen an, was jedoch zum Teil durch die getroffenen Vereinfachungen des Einlauflängenansatzes bedingt sein kann. Die größere Einlauflänge führt zu einem größeren Zeitverzug zwischen Giergeschwindigkeit und Querbeschleunigung. Dieser resultiert in einer ausgeprägteren Drehbewegung des Fahrzeugs, die sich in einer höheren Giergeschwindigkeitsamplitude äußert.

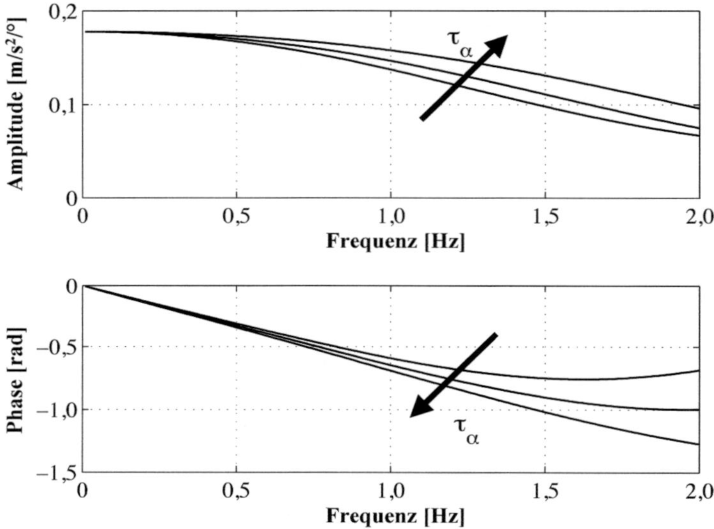

Bild 6.7.: Querbeschleunigungsübertragungsverhalten   bei   Änderung   der
Zeitkonstante

Für das gezeigte Dynamikmodell besteht die Möglichkeit, zusätzlich einen Wankaufsatz zu modellieren, um den Einfluss des Wankens auf das querdynamische Verhalten qualitativ zu erfassen. Der Einfluss der Reifenvertikalsteifigkeit kann so dargestellt werden. Wankwinkel und Seitenkraft bzw. Querbeschleunigung sind über eine Differentialgleichung verknüpft. Dabei wird durch den Wankwinkel bzw. die Wankabstützung eine Radlaständerung verursacht.

Die durch die Degression über die Radlast entstehende Achsschwächung gleicht sich stationär an Vorder- und Hinterachse aus (in Abhängigkeit des Unterschieds der Wankabstützung an Vorder- und Hinterachse). Die

Schräglaufsteifigkeit nimmt ab, größere Schräglaufwinkel werden für gleiche Seitenkraft benötigt. Der Lenkradwinkel bleibt in etwa gleich. Dynamisch ist die Radlast hingegen schon bei geringen Querbeschleunigungen zu berücksichtigen, da sich Giergeschwindigkeit und Querbeschleunigung nicht in Phase aufbauen. Die Schwächung der Hinterachse erfolgt zeitverzögert zum Aufbau der Querbeschleunigung, ist jedoch phasengleich mit dem Wankwinkel.

Ein vereinfachtes physikalisches Modell mit einem Wankfreiheitsgrad wird bereits in [Seg56] vorgestellt. Es wird ein weiterer Freiheitsgrad in y-Richtung eingeführt und damit Aufbau und Fahrwerk getrennt. Beide sind über eine Wankdifferentialgleichung gekoppelt. Eine Änderung der Radlast bei Kurvenfahrt ist so bestimmbar und eine qualitative Abschätzung des Einflusses der Wankabstützung auf das querdynamische Fahrverhalten wird ermöglicht. In einem zweiten Schritt erfolgt eine Erweiterung dieses Modells um den Kennwert der Radlastdegression. Dieses nun nicht mehr lineare Dynamikmodell wird dann numerisch gelöst.

Die Modellierung erfolgt mit einem Fahrzeugaufbau, der quer zum Fahrwerk, um eine feste Wankachse rotierend, ausgelenkt werden kann. Getrennte Massen von Aufbau und Fahrwerk sowie konstante Parameter für die Wanksteifigkeit und -dämpfung werden eingeführt.

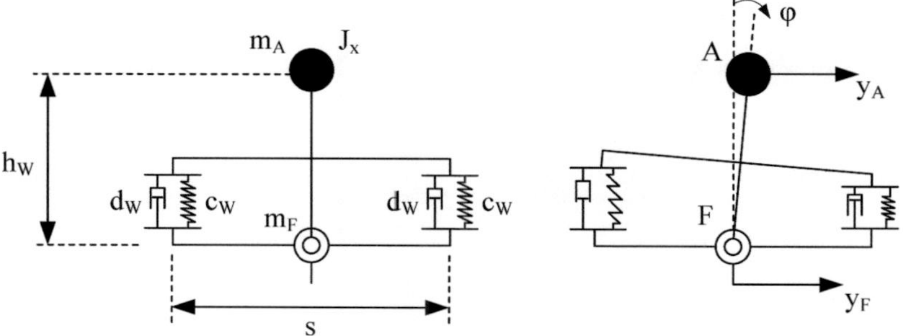

Bild 6.8.: Prinzip des Wankaufsatzes für das Einspurmodell

Getroffene Vereinfachungen sind die gleichmäßige Wankmomentenverteilung an Vorder- und Hinterachse und die konstante und durchgängige Wankpolhöhe. Zu den bereits definierten Größen des Einspurmodells (vgl. Bild 4.6) kommen die Spur s, die Wankhöhe $h_w = h_{SP} - h_R$, wankabstützende Federsteifigkeit c_w und Dämpfung d_w sowie das rotatorische Trägheitsmoment des Aufbaus J_x hinzu (vgl. Bild 6.8). Die Gesamtmasse m teilt sich in eine Masse m_A für den Aufbau und eine Masse m_F für das Fahrwerk auf. Damit lassen sich drei Gleichungen, ein Kräftegleichgewicht in der x-y-Ebene

$$F_{y,TraegheitFahrwerk} + F_{y,WankenAufbau} = F_{y,Achsseitenkraefte} \qquad (6.25)$$

$$m_F \, a_{y,F} + \frac{s^2}{2\,h_w}\,(c_w\,\varphi + d_w\,\dot{\varphi})$$
$$= c_{\alpha,v}\,(\delta - \beta - \frac{l_v}{v}\,\dot{\psi}) + c_{\alpha,h}\,(-\beta + \frac{l_h}{v}\,\dot{\psi}) \quad (6.26)$$

ein Momentengleichgewicht in der x-y-Ebene um die Fahrzeughochachse

$$M_{z,TraegheitFahrzeug} = M_{z,Achsseitenkraefte} \qquad (6.27)$$

$$J_z\,\ddot{\psi} = l_v\,c_{\alpha,v}\,(\delta - \beta - \frac{l_v}{v}\,\dot{\psi}) - l_h\,c_{\alpha,h}\,(-\beta + \frac{l_h}{v}\,\dot{\psi}) \qquad (6.28)$$

und ein Momentengleichgewicht in der y-z-Ebene um die Wankachse zur Kopplung des Aufbaus mit dem Fahrwerk

$$M_{x,TraegheitAufbau} = M_{x,Wankabstuetzung} \qquad (6.29)$$

$$-J_x\,\ddot{\varphi} + h_w\,m_A\,a_{y,A} = \frac{s^2}{2}\,(c_w\,\varphi + d_w\,\dot{\varphi}) \qquad (6.30)$$

formulieren. Die Querbewegung des Aufbaus y_A sowie des Fahrwerks y_F sind auf das Straßenkoordinatensystem bezogen. Mit den Zusammenhängen $\beta = \frac{\dot{y}_A}{v} - \psi$ und $\varphi \approx \frac{(y_A - y_F)}{h_w}$ für kleine Wankwinkel und näherungsweise geradliniger, gleichförmiger Fahrzeugbewegung ergeben sich mit den Substitutionen $a = \ddot{y}$ und $\psi_a = \dot{\psi}$ sowie dem zweimaligen Ableiten der ersten und dritten sowie einmaligen Ableiten der zweiten Gleichung diese zu

$$m_F \, \ddot{a}_F - \frac{s^2}{2\,h_w^2} \, d_w \, \dot{a}_F - \frac{s^2}{2\,h_w^2} \, c_w \, a_F$$

$$+ \left(\frac{s^2}{2\,h_w^2} \, d_w + \frac{c_{\alpha,v} + c_{\alpha,h}}{v} \right) \dot{a}_A + \frac{s^2}{2\,h_w^2} \, c_w \, a_A$$

$$+ \frac{l_v \, c_{\alpha,v} - l_h \, c_{\alpha,h}}{v} \, \ddot{\psi}_a - (c_{\alpha,v} + c_{\alpha,h}) \, \psi_a = c_{\alpha,v} \, \ddot{\delta} \quad (6.31)$$

$$\frac{l_v \, c_{\alpha,v} - l_h \, c_{\alpha,h}}{v} \, a_A + J_z \, \ddot{\psi}_a + \frac{l_h^2 \, c_{\alpha,h} + l_v^2 \, c_{\alpha,v}}{v} \, \dot{\psi}_a$$

$$+ (l_h \, c_{\alpha,h} - l_v \, c_{\alpha,v}) \, \psi_a = l_v \, c_{\alpha,v} \, \dot{\delta} \quad (6.32)$$

$$J_x \, \ddot{a}_F + \frac{s^2}{2} \, d_w \, \dot{a}_F + \frac{s^2}{2} \, c_w \, a_F$$

$$- (J_x - h_w^2 \, m_A) \, \ddot{a}_A - \frac{s^2}{2} \, d_w \, \dot{a}_A - \frac{s^2}{2} \, c_w \, a_A = 0 \quad (6.33)$$

Mit diesen drei Gleichungen kann ein Differentialgleichungssystem der Form

$$\underline{A} \, \ddot{\underline{x}} + \underline{B} \, \dot{\underline{x}} + \underline{C} \, \underline{x} = \underline{D} \, \ddot{\underline{u}} + \underline{E} \, \dot{\underline{u}} \quad (6.34)$$

mit $\underline{x} = \begin{bmatrix} a_F \\ a_A \\ \psi_a \end{bmatrix}$ und $\underline{u} = \begin{bmatrix} \delta \end{bmatrix}$ aufgestellt und mit dem harmonischen Ansatz, wie im vorigen Abschnitt bereits verwendet, gelöst werden (siehe Gleichung 6.18 ff.).

An den analytisch bestimmten Übertragungsfunktionen für Giergeschwindigkeit und Querbeschleunigung bezogen auf den Lenkradwinkel (vgl. Bild 6.9 und 6.10) ist der qualitative Einfluss der Wankabstützung dargestellt.

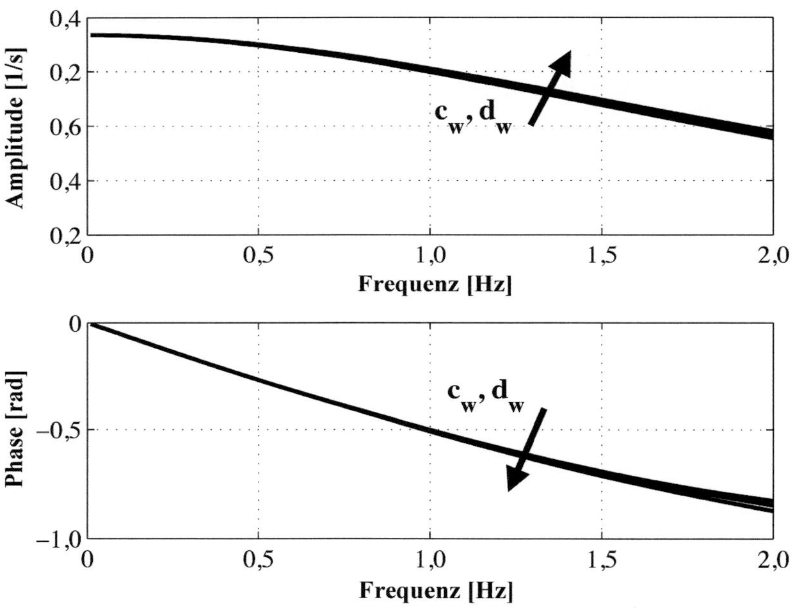

Bild 6.9.: Gierübertragungsverhalten bei Änderung von Wanksteifigkeit und -dämpfung

Die Gierübertragungsfunktion zeigt wie erwartet nur geringen Einfluss bei Änderung der Wankabstützung. Diese wirkt sich hauptsächlich auf die Querbeschleunigungsamplitude und geringfügig auf die -phase aus.
Das Skript des analytischen Einspurmodells ist in Bild A.3 im Anhang zu finden.

Mit Hilfe des um den Wankaufbau erweiterten Dynamikmodells kann nun der Einfluss durch eine Radlastverlagerung bestimmt werden. Wird eine

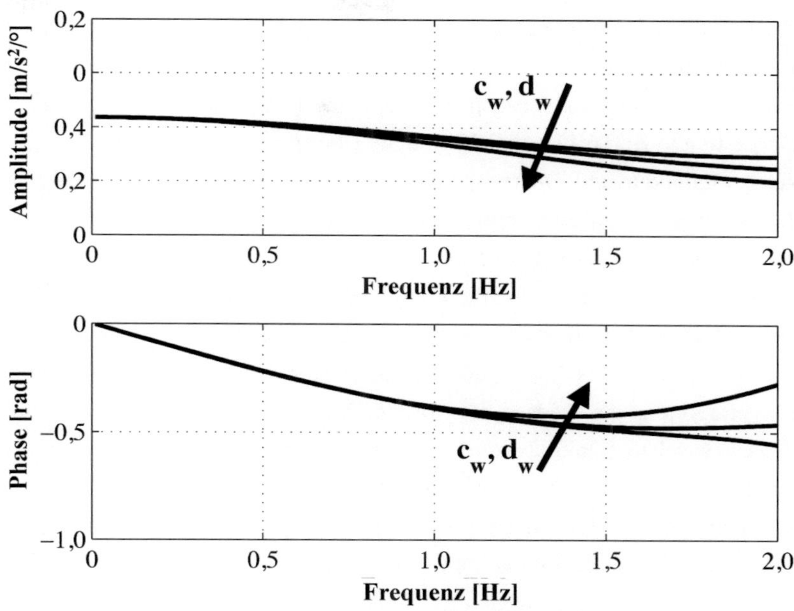

Bild 6.10.: Querbeschleunigungsübertragungsverhalten des Aufbaus bei Änderung von Wanksteifigkeit und -dämpfung

Abhängigkeit der Schräglaufsteifigkeit mit der Radlastverlagerung eingeführt, so wird das Dynamikmodell nichtlinear. Die Koeffizienten des Differentialgleichungsystems sind dann nicht mehr konstant. Da es gemischte Terme enthält, wird es hier numerisch gelöst. Das Matlab Simulink Modell ist in Bild A.4 im Anhang zu finden.

Das dynamische Verhalten ist nun von der Lenkradwinkelamplitude abhängig. Bei höherer Lenkwinkelamplitude wird mehr Radlastverlagerung erzeugt und die Degression ist demnach auch größer. Der Zusammenhang zwischen Achsschräglaufsteifigkeitsdegression und Radlastverlagerung wurde bereits in Abschnitt 5 dargestellt.

Zur Bestimmung des Übertragungsverhaltens wird ein Gleitsinusmanöver herangezogen. Die maximale Querbeschleunigung liegt bei $a_y \approx 2,5$ m/s².

Werte für Wankdämpfung und -steifigkeit wurden mittels Messdatenanpassung gewonnen.

Sämtliche Parameter des Einspurmodells sind in Tabelle A.9 angegeben. Dargestellt in Bild 6.11 und 6.12 sind die Übertragungsfunktionen für Giergeschwindigkeit und Querbeschleunigung mit und ohne Degression von 10 % bei einer Radlastdifferenz von $F_z = 1500$ N. Diese trat innerhalb dieser Untersuchung als Eckwert auf.

Hervorzuheben ist, dass sich die Phase zwischen Lenkradwinkel und Giergeschwindigkeit im Bereich um $f_{lenk} \approx 1$ Hz nicht signifikant ändert. Hier liegt im Großteil des Anstiegbereichs der Giergeschwindigkeit keine Radlastverlagerung vor, sodass die Vorderachse nicht geschwächt wird. Die Phase zwischen Lenkradwinkel und Querbeschleunigung hingegen wird durch die Degression stärker beeinflusst.

So ist zu erklären, dass bei einer Fahrweise mit höherer Dynamik die Phase zwischen Giergeschwindigkeit und Querbeschleunigung an Bedeutung gewinnt. Die Amplituden werden hingegen lediglich im stationären Bereich geschwächt.

Bei der reifenbezogenen Einflussuntersuchung ist also die Radlastdegression zu berücksichtigen. Sie kann je nach Reifen unterschiedlich sein. Dies unterstreicht die Bedeutung der exakten Betriebspunkte zur Bewertung der Fahrdynamik.

Für die Querdynamik sind, wie am Dynamikmodell gezeigt wurde, die Seitenkräfte an Vorder- und Hinterachse ausschlaggebend. Die Gier- und Querbewegung resultieren aus dem Verlauf der Seitenkräfte. Sie werden durch die Wankbewegung des Aufbaus beeinflusst. Neben der Gier- und Querdynamik wirkt auch das Moment am Lenkrad auf den Fahrer. Es gibt ebenfalls Rückmeldung über den Fahrzustand, wie bereits in Abschnitt 3 beschrieben. Das Lenkmoment setzt sich aus mehreren Komponenten zusammen, welche im Weiteren im Kontext der Manöver und Fahrzeugmessung diskutiert werden. So wird ein Lenkmoment zunächst am Rad erzeugt, wobei es

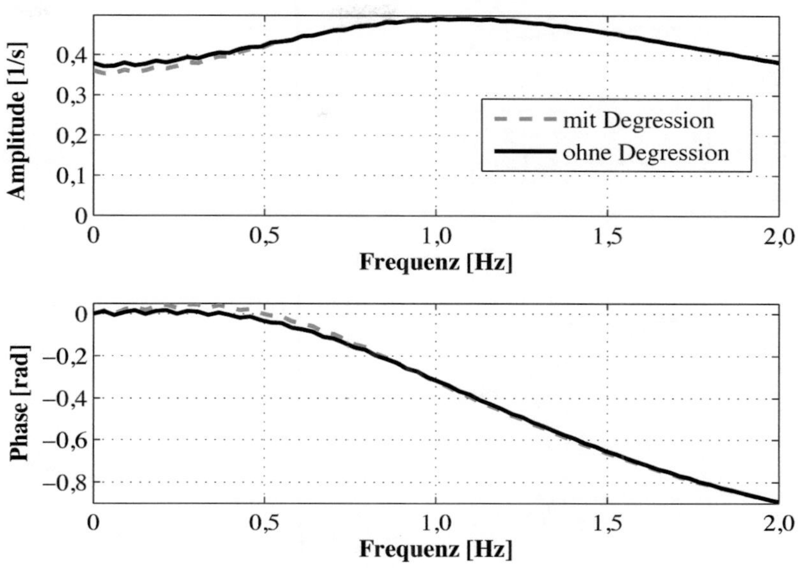

Bild 6.11.: Gierübertragungsverhalten mit und ohne Radlastdegression

sich aus der Summe der Momente an linkem und rechtem Rad zusammensetzt. Über das Lenksystem wird diese Kraftrückmeldung mit einer Übersetzung sowie einer applikationsspezifischen Unterstützung bis zum Lenkrad übertragen. Dabei treten Reibung und Elastizitäten sowie Dämpfung im Lenksystem auf. Momenteneinträge am Rad entstehen durch Längskraft, d. h. deren Differenz zwischen linker und rechter Spur. Da jedoch nicht gebremst oder beschleunigt wird, ist dieser Eintrag gering. Der Anteil im Lenkmoment durch Vertikalkraft, die Seiten sind subtrahierend, wird zum einen durch ein Moment, um den Spreizungswinkel mit dem Hebel Lenkrollradius multipliziert mit dem Tangenz des Spreizungswinkels, und zum anderen, um den Nachlaufwinkel mit dem Hebel Nachlauf multipliziert mit dem Tangenz des Nachlaufwinkels, erzeugt.

Der Anteil durch Seitenkraft, beide Spuren addieren sich, entsteht durch die Seitenkraft unter Schräglauf mit dem Nachlauf als Hebel. Auch die Sturz-

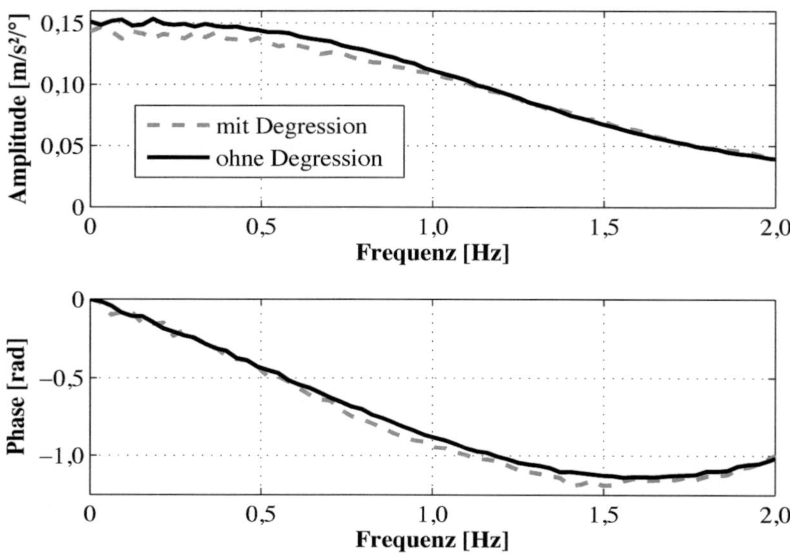

Bild 6.12.: Querbeschleunigungsübertragungsverhalten mit und ohne Radlastdegression

seitenkraft erzeugt mit dem Abstand zwischen Kraft und Sturzseitenkraftangriffspunkt ein Moment.

Mit vorgegebenen Betriebspunkten, Fahrzeugdaten und Bandbreiten der Reifenkenndaten kann das Momentenpotenzial, der Zahnstangenwert, abgeschätzt werden. Dies wird im Folgenden für die Kriterien Geradeauslauf in Spurrinnen und Lenkkraft durchgeführt. Die Fahrzeugparameter sind dabei festgelegt zu:

- Spreizungswinkel $\sigma = 10°$,

- Nachlaufwinkel $\tau = 7°$,

- Lenkrollradius mit Querversatz Radlastangriffspunkt $r_s = -10{,}4$ mm und

- kinematischer Nachlauf $n_{kin} = 20$ mm.

Das Lenkmoment je Rad durch Vertikalkraft ohne Berücksichtigung des Lenkwinkelgeschwindigkeitseinflusses oder einer Spurdifferenz ist beschreibbar durch

$$M_{Fz} = [r_s \tan(\tau) + n_{kin} \tan(\sigma)] \cos(\lambda) \, dF_z \qquad (6.35)$$

mit $\tan(\lambda) = \sqrt{\tan^2(\sigma) + \tan^2(\tau)}$. Das Lenkmoment je Rad durch Seitenkraft ergibt sich dann zu:

$$M_{Fy} = -F_y \, (n_{kin} + n_{pneu}) \, \cos(\tau) \qquad (6.36)$$

mit $F_y = c_{alpha} \, \alpha - c_\gamma \, \gamma$ und der Näherung nach Reimpell $F_y = F_{y,\gamma} + F_{y,\alpha}$. Die Auswertung erfolgt zunächst in einer stationären Anteilsabschätzung.

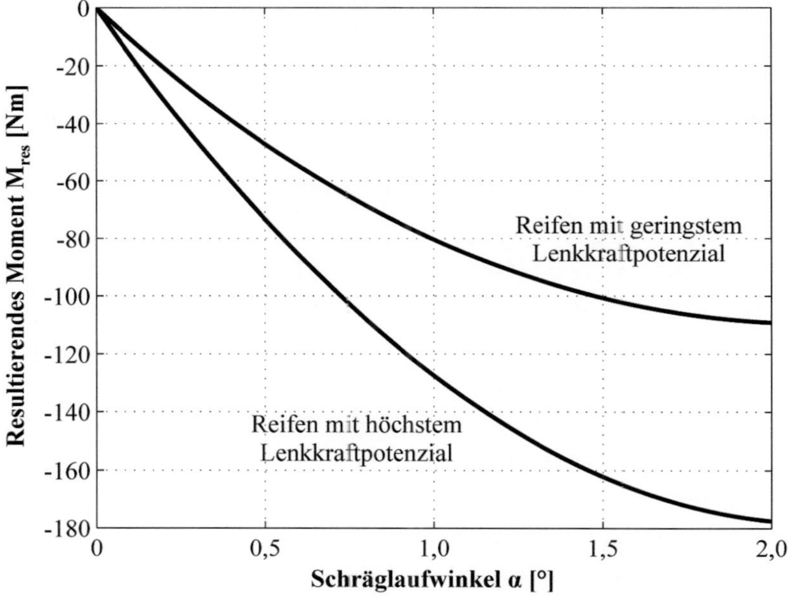

Bild 6.13.: Obere und untere Grenzkurve des resultierenden, stationären Lenkmoments aller Versuchsreifen

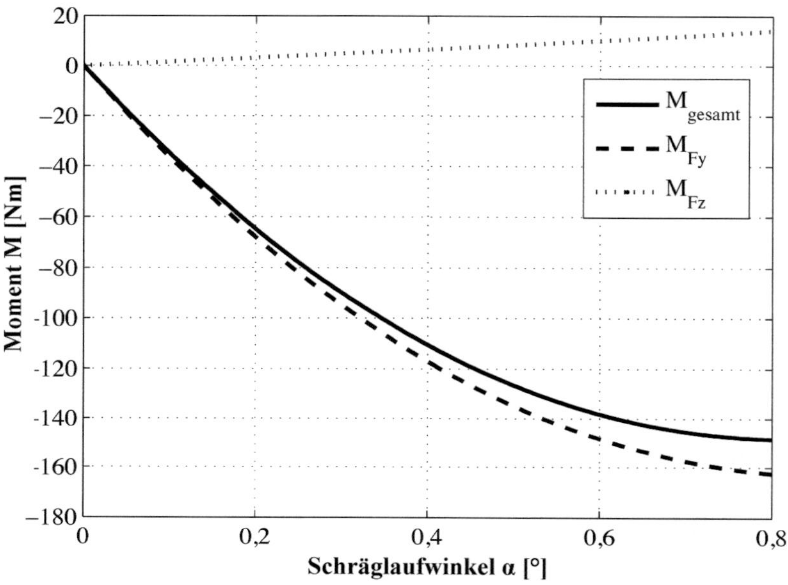

Bild 6.14.: Stationäres Lenkmoment aller Versuchsreifen und deren Anteile

Das Lenkmoment an der Zahnstange über die Radlastdifferenz gibt Aufschluss, inwieweit das Lenkmoment durch Reifeneigenschaften veränderlich ist. Dabei greift die Radlast in x-Richtung mittig und in y-Richtung versetzt durch den Nullquerversatz und Lenkrollradius an. Das stationäre Lenkmoment über den Schräglaufwinkel ist in Bild 6.13 als resultierendes Moment und in 6.14 aufgeteilt dargestellt.

Bei einer Auswertung von 54 Reifen zeigt sich ein linearer Verlauf. Deutlicher wird der Einfluss über die Radlastdifferenz. Der Nullquerversatz nimmt Werte zwischen $-3{,}7$ und $17{,}1$ mm an. Nun werden aber die Größen Radlast, Schräglauf und Sturz stets gleichzeitig verändert. Stationär kann für eine Überschlagsrechnung der qualitative Zusammenhang gelten:

- $d_{Fz} = 700$ N/$^\circ$ α je Rad und

- $\gamma = 0{,}7\ \alpha$.

Dem Rückstellmoment wirken die geringen Momente durch die Radlast entgegen. Die Abschätzung der dynamisch auftretenden Momente erfolgt mit einem Einspurmodell mit Wankaufsatz und dem Gleitsinusmanöver zur Bestimmung der Übertragungsfunktion. Dabei erfolgt die Sturzabschätzung über den Wankwinkel. Der Amplitudengang ist in Bild 6.15 dargestellt.

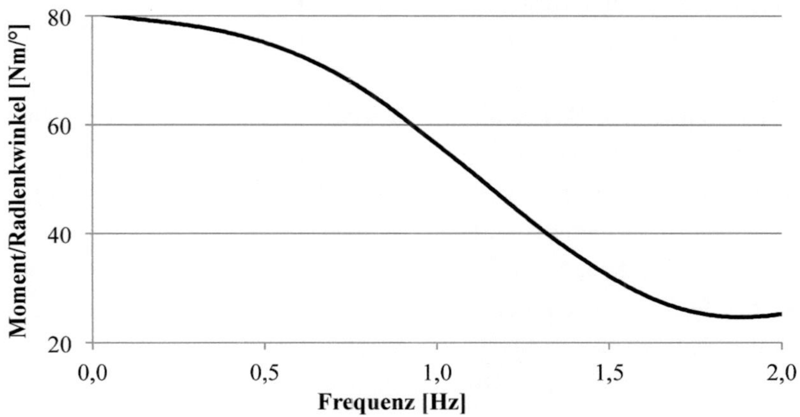

Bild 6.15.: Dynamik des Lenkmoments im Einspurmodell

Bei Kurvenfahrt sind die Radseitenkräfte sowie der Nachlauf primär Ursache für das Rückstellmoment. Die Einlauflänge verzögert dabei die Seitenkraft am Rad, also auch das Rückstellmoment. Die Einlauflänge hat damit keinen unwesentlichen Einfluss auf den Verlauf der Lenkkraft, jedoch auch gleichermaßen auf die Fahrzeugbewegung. Die Radseitenkräfte an der Vorderachse sind notwendig, um eine Drehbewegung, und damit die Kurvenfahrt des Fahrzeugs, einzuleiten. Diese führt zum Aufbau eines Schwimmwinkels, welcher maßgeblich zur Erzeugung der Seitenkraft an der Hinterachse beiträgt.

Als relevante Reifenkenngrößen für die genannten Objektivwerte konnten bereits die Schräglaufsteifigkeit und die Einlauflänge identifiziert werden. Der Einfluss der beiden Objektivwerte kann als unabhängig angenommen werden, da die Fahrzeugobjektivwerte unterschiedlich durch die relevanten Reifenkenngrößen beeinflusst werden. Somit beeinflusst die Schräglaufsteifigkeit die Amplitude und Phase der Fahrzeugbewegung. Die Einlauflänge beeinflusst hingegen primär die Phase. Wird die Einlauflänge zu groß, kann sich die Amplitude ebenfalls nicht mehr ausbilden.

Die Schräglaufsteifigkeit korreliert mit der Phase der Querbeschleunigung. In den Betriebspunkten der Kriterien Lenkansprechen und Lenkkraft ist die Schräglaufsteifigkeit primär relevant für das Fahrverhalten. Ein geringer Schwimmwinkel wird dabei positiv empfunden.
Auch die Einlauflänge korreliert deutlich mit der Phase der Querbeschleunigung. In diesen Betriebspunkten ist die Einlauflänge als höchst relevant für das Fahrverhalten zu werten. Ein geringer Phasenverzug und damit eine geringe laterale Einlauflänge ist zu fordern. Sie führt dynamisch zu kleinen Schwimmwinkelwerten.
Die bei einem Manöver auftretende Querbeschleunigung und die Höhe des Schwerpunktes führt bei Kurvenfahrt zu einem Moment um die x-Achse, dem Wankmoment. Dieses Moment wird durch die Wankträgheit und -dämpfung sowie Vertikalkräfte, angreifend im Reifenaufstandspunkt, ausgeglichen.

Entwicklungsziel im Kontext des Kriteriums des schnellen Spurwechsels ist, mit geringer Lenkbewegung einen Querversatz des Fahrzeugs um eine Fahrbahnbreite umzusetzen. Es ist demnach notwendig, mit geringer Gierbewegung eine hohe Querbeschleunigung zu erzeugen, um damit eine hohe Seitenkraft an der Hinterachse zu generieren. Bei geringer Schräglaufsteifigkeit benötigt das Fahrzeug für eine gleiche Seitenkraft an der Hinterachse entweder einen größeren Schwimmwinkel oder eine höhere Giergeschwindigkeit. Beides ist nur mit größerer rotatorischer Bewegung um die Hochachse möglich, was auch einen höheren Drehimpuls mit sich bringt. Als Folge muss bei gleicher Manövergeschwindigkeit mehr Lenkradwinkel aufgebracht werden, da durch zusätzlichen Lenkradwinkel eine Gierbeschleunigung erzeugt wird. Die Lenkanbindung wird besser bewertet, wenn der Seitenkraftaufbau, insbesondere an der hinteren Achse, direkter der Giergeschwindigkeit folgt. So ist ein geringeres Gegenlenken notwendig. Vollständig zu trennen sind die Aspekte Lenkanbindung und Stabilität demnach nicht.

6.4. Übertragbarkeit der Ergebnisse und Verallgemeinerung

Die bisher gezeigten Ergebnisse wurden mit einem Fahrzeug und einem Fahrer durchgeführt. Weiterhin ist daher zu untersuchen, inwieweit die ermittelten Zusammenhänge auf weitere Reifentypen und Fahrzeugklassen übertragbar sind.

Bereits in [Har07] [Nor84] wurden Unterschiede in der objektiven Beschreibung der Fahrdynamik im Bezug auf die Fahrzeugklasse untersucht. Im Weiteren soll die Übertragbarkeit auf Fahrzeuge der mittleren Mittel- sowie der Geländewagenklasse erläutert werden. Auch die Übertragbarkeit auf Versuchsfahrten mit Winterreifen steht zur Diskussion. Das Ziel dabei ist, die Sensitivität und die Wertebereiche der relevanten Objektivwerte für Fahrzeuge anderer Klassen bzw. weitere Reifentypen aufzuzeigen. Damit werden bereits erarbeitete Zusammenhänge überprüft und bestätigt. Auch eine Anwendbarkeit über diese Fahrzeugklasse hinaus wird so geschaffen. Zunächst sind für das weitere Vorgehen die Objektivwerte analog der in Abschnitt 4 beschriebenen Vorgehensweise zu bestimmen. Voraussetzung sind dabei identische Geschwindigkeits- und Lenkradwinkeldefinitionen, um die Vergleichbarkeit der Objektivwerte zu gewährleisten. Mit den berechneten Objektivwerten sind im Anschluss die statistischen Verknüpfungen zum Subjektivurteil zu ermitteln. Sind gleiche Objektivwerte zum Subjektivurteil korreliert, ist das Indiz für eine Übertragbarkeit, also die Auswahl der relevanten Kenngrößen. Regressionsmodelle werden nicht erstellt, da die Datenumfänge zu gering sind. Die Wertebereiche werden jedoch verglichen.

Für das Kriterium Lenkansprechen zeigt sich ein ausgeprägter statistischer Zusammenhang für die Objektivwerte Amplitude und Phase zwischen Lenkradwinkel und Querbeschleunigung. Dies gilt für die Übertragbarkeit auf das Fahrzeug der mittleren Mittelklasse als auch auf das Fahrzeug der Geländewagenklasse mit Winterreifen.

Für die Amplitude sind die Tendenzen sowohl für Klassen als auch für

146

Reifentypen vergleichbar. Ein Unterschied zwischen den Fahrzeugklassen besteht jedoch. Bei SUV Fahrzeugen wird weniger Amplitude der Querbeschleunigung bezogen auf den Lenkradwinkel erwartet und akzeptiert. Winterreifen für die untere Mittel- sowie Geländewagenklasse liegen in ihrem Niveau bezogen auf das Subjektivurteil sehr ähnlich. Es kann davon ausgegangen werden, dass in der Bewertung kein Unterschied zwischen Sommer- und Winterreifen gemacht wird.

Bei dem Phasenverhalten der Querbeschleunigung zum Lenkradwinkel liegen Sommer- und Winterbereifungen auf ähnlichem Niveau. Ein Unterschied zwischen den Fahrzeugklassen besteht jedoch. Für die Geländewagenklasse wird wird eine betragsmäßig höhere Phase akzeptiert.

Weitere Kriterien zeigen ein ähnliches Bild. Für Kriterien des Geradeauslaufs war eine Übertragung im Rahmen dieser Arbeit jedoch nicht möglich. Es wird deutlich, dass für weitere Fahrzeugklassen die Wertebereiche relevanter Objektivwerte verschoben sind. Für Winterreifen hingegen wird die gleiche Skala genutzt. Relevante Objektivwerte in Verbindung mit einer Subjektivbeurteilung sind in ihrem Niveau stark vom Fahrzeugtyp und auch vom Fahrer abhängig, jedoch in geringem Maße vom Reifentyp. Für eine Prognose ist der Wertebereich stets an die Zielfahrzeugklasse anzupassen. Dabei ist nicht nur der Versatz fahrzeugklassenspezifisch, sondern auch die Steigung des Objektivwertes bezogen auf das Subjektivurteil.

7. Anwendung der Ergebnisse im Reifenentwicklungsprozess

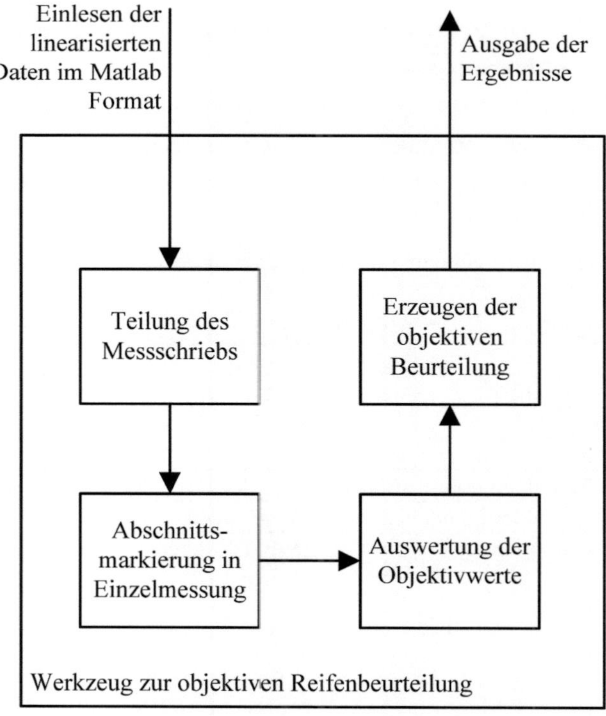

Bild 7.1.: Schritte zur Anwendung der objektiven Reifenbeurteilung im Entwicklungsprozess

Zur Anwendung der vorgestellten Zusammenhänge im Reifenentwicklungsprozess sind folgende Schritte notwendig (vgl. Bild 7.1):

- Erzeugen der Fahrzeugbewegungsdaten,

- Segmentierung und Auswertung der Daten sowie

- Aufbereitung und Darstellung der Ergebnisse.

Im ersten Schritt sind die Fahrzeugbewegungsdaten während der Subjektivbeurteilung aufzuzeichnen. Dies kann mittels der im Fahrzeug verbauten Sensorik über das CAN- oder Flexray-Bussystem sowie einem Datenrekorder, wie in Abschnitt 4 beschrieben, erfolgen.

Im zweiten Schritt erfolgt das Einladen und Umwandeln der Messdaten mit einer Matlab Auswerteroutine. Zunächst ist die erzeugte Messdatei auf das Matlab Datenformat zu bringen und eine Anpassung der Abtastfrequenz auf 50 Hz durchzuführen. Die Signalnamen sind zur weiteren Verarbeitung der Daten ggf. entsprechend Tabelle 7.1 anzupassen.

Messgröße	Signalname
Zeit	signale.Zeit.daten
Lenkradwinkel	signale.STWA.daten
Lenkmoment	signale.Lemo.daten
Giergeschwindigkeit	signale.ANGV_YAW_DSC.daten
Querbeschleunigung	signale.ACLN_VEH_ACRO_DSC.daten
Fahrgeschwindigkeit	signale.V_VEH.daten
Aussentemperatur	signale.TEMP_EX.daten

Tabelle 7.1.: Übersicht der Signalnamen

Zunächst wird der Messschrieb in Einzelmessungen geteilt (vgl. Bild A.5 im Anhang). Ist dies erfolgt, so ist mit dem automatisierten Auswertungsskript fortzufahren. Nach Aufruf des Auswertungsskript (vgl. Anhang A.6) werden, je nach Kriterium, die angefahrenen Betriebspunkte erkannt und entsprechende Bereiche aus den Zeitdaten ausgewertet. Für die objektive

Bewertung auf Basis einer Gesamtfahrzeugmessung ist die Notwendigkeit der Übereinstimmung der in der Subjektivbeurteilung angefahrenen Betriebspunkte zur Referenz von größter Bedeutung.

Folgende Umfänge sind hier vom Anwender durchzuführen:

- Pfadangabe sowie Menüwahl der Messdatei (siehe Bild 7.2),

- Abfrage, ob Messdatei in Einzelmessungen zerlegt werden soll, und

- falls ja, Messung in neuer Datei mit neuem Namen abspeichern.

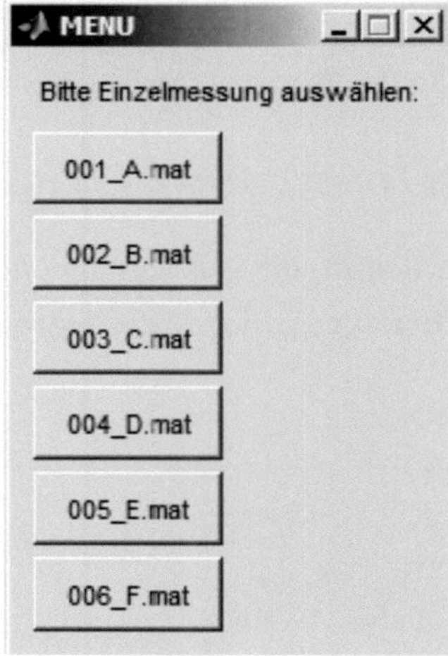

Bild 7.2.: Auswahlmenü des Auswertungsskripts

Sollen Subjektivurteile (BI) bestimmt werden, sind weitere Schritte notwendig:

- Auswahl der Fahrzeugklasse,

- Eingabe eines Maßstabs über Referenzpunkte zur Subjektivbeurteilung und

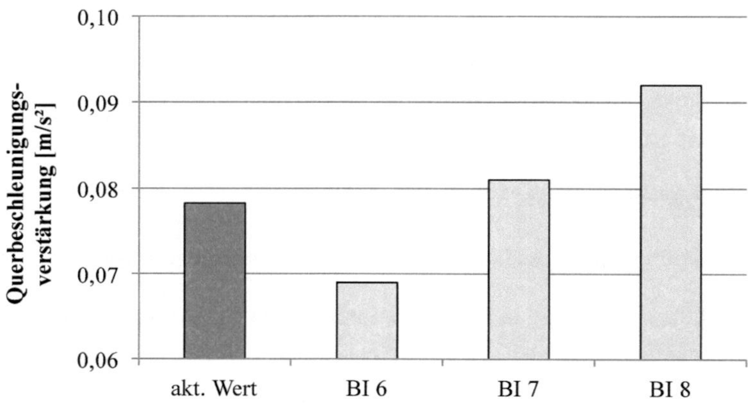

Bild 7.3.: Amplitude der Querbeschleunigung

- Ausgabe sämtlicher Objektivwerte eines Kriteriums mit Einordnung.

Darauf folgt, als letzter Schritt, die Auswertung und Berechnung der Objektivwerte sowie eine Einordnung der Werte in der Skala der Subjektivbeurteilung.

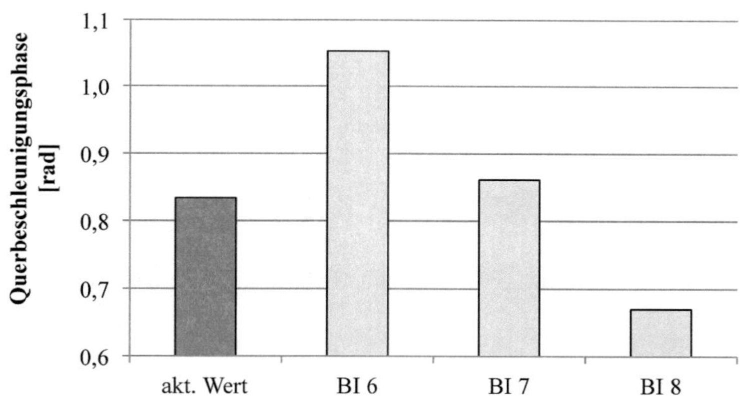

Bild 7.4.: Phase der Querbeschleunigung im Betrag

Einschränkungen bei der Auswertung müssen gemacht werden. So erfolgt die Auswertung nach Fahrgeschwindigkeits- und Lenkradwinkel-Definitionen. Weichen diese Größen signifikant von den bekannten Werten ab, kann der Objektivwert zwar berechnet, jedoch nicht in den Kontext der bekannten Wertebereiche gesetzt werden. In diesem Fall wird eine Warnung ausgegeben.

Über eine manuelle Definitionen sind die Wertebereiche der Objektivwerte jedoch anzupassen.

In den Bildern 7.3 und 7.4 ist die grafische Auswertung beispielhaft dargestellt. Für das Kriterium Lenkansprechen stimmen die Werte mit dem real vergebenem Subjektivurteil hinreichend gut überein. Auch für weitere Kriterien ist diese Übereinstimmung für den Beispielreifen gegeben.

8. Zusammenfassung und Ausblick

In den vorangegangenen Abschnitten dieser Arbeit wurden Subjektiv-Objektiv-Zusammenhänge für ein breites Band der Fahrdynamik erarbeitet und fundamentale Zusammenhänge zwischen Fahrzeugverhalten und Reifeneigenschaften aufgezeigt (vgl. Bild 8.1).

Beurteilungs-kriterium	Beurteilungsinhalt	Relevante Fahrzeug-bewegungsgrößen
Ansprechen	niedrigdyn. Fahrzeugverhalten um null	Querbeschleunigung
Verlauf Seitenführung	Fahrzeugverhalten bei mittlerer Dynamik	Querbeschleunigung, Schwimmwinkel, Giergeschwindigkeit
Geradeauslauf in Spurrinnen	Fahrzeugverhalten bei Spurrinnenüberfahrt	Querbeschleunigung, Lenkmoment
Lastwechsel-reaktion	Fahrzeugreaktion auf Lastwechsel in der Kurve	Giergeschwindigkeit, Schwimmwinkel

Tabelle 8.1.: Auszug aus dem Wirkzusammenhang zwischen subjektiver Beurteilung und objektiven Fahrzeugbewegungsgrößen

Zunächst erfolgte eine Analyse der Subjektivbeurteilung und deren Kriterien. Dabei konnten die Inhalte bestimmt und in Teilkriterien getrennt werden. Zugehörige Manöver, der Fahrer- sowie Umwelteinfluss wurden jeweils analysiert und bestimmt. Auch die Wahrnehmung bei der Subjektivbeurteilung wurde untersucht.

Fahrzeugmessungen wurden durchgeführt und Eingabe- sowie Ausgabesignale auf Gesamtfahrzeugebene aufgezeichnet. Über die direkten Messsignale hinaus wurden weitere Signale berechnet. Anschließend konnten Objektivwerte direkt aus den Zeit- und Frequenzdaten und auch mittels einer Einspurmodellanpassung gewonnen werden. Dieses Vorgehen wurde für die Reifentypen Sommer- und Winterreifen sowie die Fahrzeugklassen untere, mittlere Mittel- und Geländewagenklasse durchgeführt. Dabei wurden Daten von einer großen Anzahl an Versuchsfahrten, hauptsächlich von einem Fahrer durchgeführt, gewonnen. Auch die Notwendigkeit der Berücksichtigung des Wankwinkels als Einflussgröße im Rahmen der Reifenfunktionsbeurteilung wurde analysiert.

Kennwerte zur Beschreibung der mechanischen Eigenschaften eines Reifens im Bezug auf das querdynamische Verhalten des Fahrzeugs wurden dargestellt und Wertebereiche für Reifeneigenschaften, wie sie im Rahmen einer Reifenentwicklung auftreten, bestimmt. Dabei konnte auf eine große Anzahl an Reifenmessungen des Flachbahnprüfstands zurückgegriffen werden.

Die Ergebnisse dieser Arbeit machen das Subjektive messbar. Bei der anschließend durchgeführten Wirkkettenanalyse wurden auf Basis von Messdaten Objektivwerte auf Fahrzeugebene mit Subjektivbeurteilungen verknüpft. Es konnten jeweils zwischen ein und drei Objektivwerte als unabhängige Größen aus den Fahrzeugbewegungsgrößen gewonnen und zur Beschreibung des Subjektivurteils herangezogen werden (vgl. Tabelle 8.1). Sie weisen einen starken statistischen Zusammenhang mit dem Subjektivurteil auf und sind in ihrer Tendenz sachlogisch erklärbar. Ermöglicht werden mit Hilfe der beschreibenden Objektivwerte, welche in dieser Arbeit identifiziert wurden, Tendenzaussagen zum Fahrverhalten und damit eine Einordnung des Reifens in seinen funktionalen Bewertungskriterien. Auffällig zeigten sich insbesondere Objektivwerte der Querbeschleunigung bezogen auf den Lenkradwinkel. Sie konnten für mehrere Kriterien als rele-

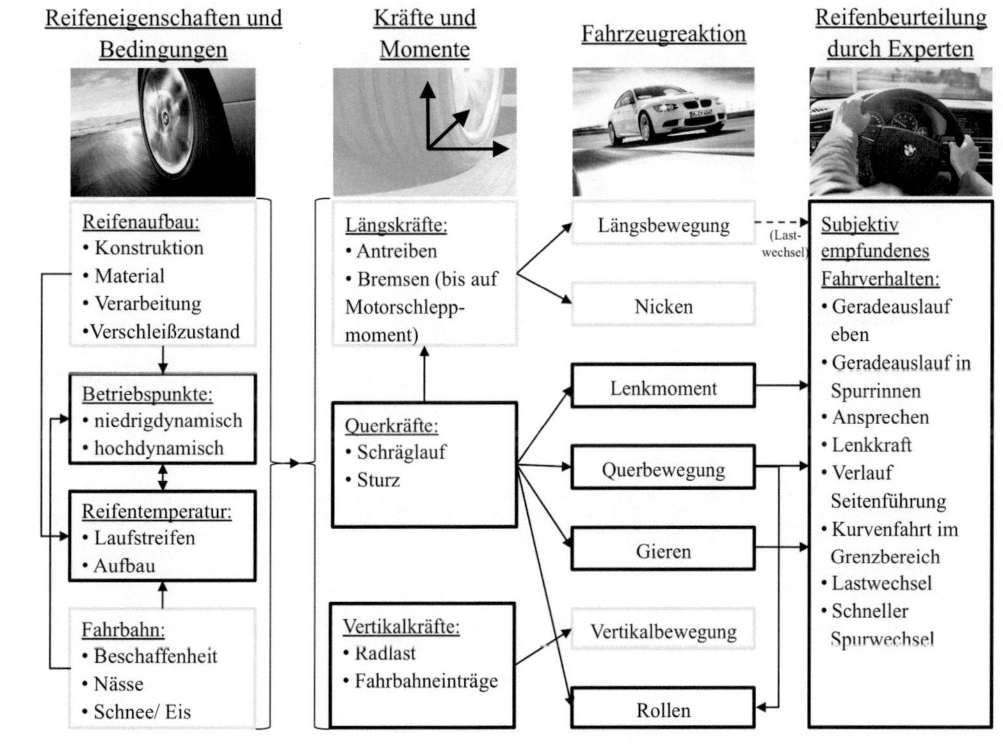

Bild 8.1.: Wirkkettenschaubild der fahrdynamikbezogenen Reifenentwicklung mit den Themenschwerpunkten dieser Arbeit (markiert mit dunkler Einrahmung)

vante Objektivwerte identifiziert werden. Reifenbedingte Unterschiede im Wankverhalten sind hingegen als nahezu nicht relevant für das querdynamische Fahrverhalten einzuschätzen. Der hier verwendete lineare Regressionsansatz in Kombination mit einer großen Anzahl an Varianten zeigte sich dabei für eine hinreichend genaue Funktionsprognose als belastbare Basis.

Aus der Untersuchung der Subjektivbeurteilung und der Wirkkettenanalyse heraus können auch Empfehlungen zur Gestaltung der Subjektivkriterien gegeben werden. So sind Subjektivkriterien, die sich durch Objektivwerte als schwer beschreibbar herausstellen (bspw. Geradeauslauf eben), stark durch äußere Einflüsse beeinflusst. Kriterien, die hoch mit weiteren Kriterien korreliert sind, können reduziert werden. Jedoch ist eine Untersuchung im Bezug auf weitere Fahrzeugklassen notwendig, um diese Zusammenhänge auch für die gesamte Reifenentwicklung zu bestätigen. Hier ist zu unterscheiden zwischen subjektiver Beurteilung und objektiver Prognose. Subjektiv ist eine Redundanz der Kriterien u. U. sinnvoll, da so der subjektive Eindruck des Fahrverhaltens verifiziert werden kann. Objektiv, bspw. bei messtechnischer Erfassung, ist dies in einigen Fällen nicht notwendig. Auch die Zulässigkeit des Übertrags der Ergebnisse auf weitere Fahrzeugklassen und Reifentypen kann bestätigt werden. So sind zur Prognose von Fahrdynamikkriterien bei abweichender Fahrzeugklasse andere Wertebereiche der Objektivgrößen anzusetzen. Eine Prognose der Fahrfunktion von Winterreifen ist jedoch ohne weitere Anpassung der Regressionsmodelle möglich.

Auch Ergebnisse zum Einfluss des Reifens auf das Fahrverhalten, insbesondere Zusammenhänge zwischen Reifeneigenschafts- und Fahrzeugreaktionsgrößen, wurden dargestellt. So wurde der qualitative Einfluss der Einlauflänge in einem analytischen Fahrdynamikmodell aufgezeigt. Auch Einflüsse durch Wanksteifigkeit sowie -dämpfung konnten mittels eines erweiterten Fahrdynamikmodells dargestellt werden. Mit einem Lenkungsmodell wurden Ergebnisse zur Wirkung des Reifens auf das Lenkgefühl erzeugt.

Das vorgestellte, anwendbare Werkzeug zur automatisierten Auswertung relevanter Objektivwerte aus Fahrzeugbewegungsgrößen zur Prognose eines objektiven BI bzw. einer Tendenzbewertung liefert Unterstützung im Entwicklungsprozess. Das Werkzeug wertet Fahrzeugmessungen nach den beschriebenen Subjektivkriterien aus und ist so in der Lage, den Fahrversuch zu unterstützen.

Einige Themen konnten im Rahmen dieser Arbeit nicht weiter verfolgt werden. So sind Kriterien, die hier eine geringe Spreizung des Subjektivurteils aufweisen, im Rahmen weiterer Fahrzeugprojekte zu untersuchen. Es treten ggf. bei der Reifenentwicklung im Rahmen anderer Fahrzeugklassen größere Spreizungen auf.

Weiterhin wurde gezeigt, dass eine Übertragbarkeit der Objektivwerte auf weitere Fahrzeugklassen möglich und notwendig ist, so für diese eine Prognose durchgeführt werden soll. Die Verschiebung der Objektivwertniveaus für über die hier betrachteten Fahrzeugklassen hinaus konnten im Rahmen dieser Arbeit nicht untersucht werden und sind in einem weiteren Arbeitsschritt zu bestimmen. So wird eine Prognose für weitere Fahrzeugklassen ermöglicht.

Es konnte nicht verifiziert werden, ob Grenzen für die Übertragbarkeit auf weitere Fahrzeugklassen bestehen, für den Fall, dass die Abweichung von der Fahrzeugklasse in dieser Untersuchung zu groß wird. Auch sind weiterführende Analysen der Wirkkette, insbesondere die Untersuchung des Zusammenhangs zwischen Fahrzeug und Reifen mittels aktueller Simulationswerkzeuge notwendig. Weitere Kriterien der Reifenfunktionsbeurteilung, wie Komfort- und akustisches Verhalten, sind derzeit noch nicht hinreichend untersucht und stellen ebenfalls breite Themenfelder für angrenzende Arbeiten dar.

Verzeichnisse

Abbildungsverzeichnis

Tabellenverzeichnis

Literaturverzeichnis

[Bac08]   BACKHAUS, Klaus; ERICHSON, Bernd; PLINKE, Wulff und WEIBER, Rolf: *Multivariate Analysemethoden: eine anwendungsorientierte Einführung*, Springer, Berlin, 12., vollständig überarbeitete auflage Aufl. (2008)

[Bar04]   BARTHENHEIER, Thomas: *Potenzial einer fahrertyp- und fahrsituationsabhängigen Lenkradmomentgestaltung*, Dissertation, Technische Universität Darmstadt (2004)

[Bel02]   BELLMANN, Michael; BAUMANN, Ingo; HILLEBRAND, Peter; MELIERT, Volker und WEBER, Reinhard: Wirkung von Sitz- und Lenkradvibrationen auf den Komfort im Fahrzeug, in: *Subjektive Fahreindrücke sichtbar machen II: Korrelation zwischen objektiver Messung und subjektiver Beurteilung von Versuchsfahrzeugen und -komponenten*, Prof. Dr.-Ing. Klaus Becker, Essen (2002)

[Ber73]   BERGMAN, Walter: *Measurement and Subjective Evaluation of Vehicle Handling*, SAE Technical Paper 730492 (1973)

[Böh66]   BÖHM, Friedrich: *Zur Mechanik des Luftreifens*, Habil., Stuttgart (1966)

[Bor10]   BORTZ, Jürgen und SCHUSTER, Christof: *Statistik für Human- und Sozialwissenschaftler*, Springer-Verlag, Berlin, Heidelberg, 7., vollständig überarbeitete und erweiterte auflage Aufl. (2010)

[Bot08]   BOTEV, Stefan: *Digitale Gesamtfahrzeugabstimmung für Ride und Handling*, Dissertation, Technische Universität Berlin (2008)

[Bra00]   BRAESS, Hans-Hermann: Der Reifen - Schlüsselkomponente für Fahrdynamik und Lenkverhalten von Kraftfahrzeugen, in: *3. Darmstädter Reifenkolloquium*, Fortschritt-Berichte VDI Reihe 12 Nr. 437, Prof. Dr.-Ing. Bert Breuer, Düsseldorf

[Buc09]   BUCHWALD, Stefan: *Implementierung neuer Auswertemethoden zur Analyse von Lenkeigenschaften und Querdynamik*, RWTH Aachen, Diplomarbeit (2009)

[Che98]   CHEN, D. O. und CROLLA, D. A.: Subjective and Objective Measures of Vehicle Handling: Drivers and Experiments. *Vehicle System Dynamics Supplement* (1998), Bd. 28: S. 576–597

[Chu01]   CHUNYANG, Xie: *Experimentelle Untersuchungen zur Interaktion zwischen Pkw-Reifen und Fahrbahn beim Bremsen*, Dissertation, Technische Universität Darmstadt (2001)

[Dec09]   DECKER, Medon: *Zur Beurteilung der Querdynamik von Personenkraftwagen*, Dissertation, Technische Universität München (2009)

[Dep89]   DEPPERMANN, Karl Heinz: *Versuche und Berechnungen zum Geradeauslauf von Personenkraftwagen*, Dissertation, Technische Universität Braunschweig (1989)

[Det05]   DETTKI, Frank: *Methoden zur objektiven Bewertung des Geradeauslaufs von Pkw*, Dissertation, Universität Stuttgart (2005)

[DIN94]   DIN 70 000: Fahrzeugdynamik und Fahrverhalten, Deutsches Institut für Normung e.V. (1994)

[Ehl85]   EHLICH, J.; HEISSING, B. und DÖDLBACHER, G.: Messtechnische Untersuchung zum Geradeauslauf von Personenwagen. *ATZ Automobiltechnische Zeitschrift* (1985), Bd. 12: S. 675–681

[Ein11]   EINSLE, Stefan: *Analyse und Modellierung des Reifenübertragungsverhaltens bei transienten und extremen Fahrmanövern*, Dissertation, Technische Universität Dresden (2011)

[Ein13]   EINSLE, Stefan und FRITZSCHE, Christopher: Utilization of objective tire characteristics in the chassis development process, in: *chassis.tech plus - 4. Internationales Münchner Fahrwerk-Symposium*

[Eng94]   ENGELS, Axel: *Geradeauslaufkriterien für Pkw und deren Bewertung*, Dissertation, Technische Universität Braunschweig (1994)

[Far93]   FARRER, David G.: *An Objective Measurement Technique for the Quantification of On-Centre Handling Quality*, SAE Technical Paper 930827 (1993)

[Fuc93]   FUCHS, Johann: *Beitrag zum Verhalten von Fahrer und Fahrzeug bei Kurvenfahrt*, Dissertation, Technische Universität München (1993)

[Gau92]   GAUTERIN, F.; DODT, T.; RODERS, H.; SCHULTE-FORTKAMP, B. und WEBER, R.: Objektivierung subjektiver Reifengeräuschbeurteilungen, in: *VDI Berichte Nr. 974*, VDI Verlag, Düsseldorf (1992)

[Gie00]   GIES, Stefan und MARUSIC, Zeljko: Das Lenkgefühl - Merkmale der subjektiven und objektiven Beschreibung, in: Klaus Becker (Herausgeber) *Subjektive Fahreindrücke sichtbar machen*, expert Verlag, Renningen-Malmsheim (2000)

[Gri11]   GRIGORYEV, Dmitry und CAROUX, Julien: Steering Maneuvers Recognition Applied to Closed-Loop Tire Evaluations, in: *Reifen-Fahrwerk-Fahrbahn - 13. Internationale VDI-Tagung*, Hannover

[Gut10]   GUTJAHR, David; HOLTSCHULZE, Jens; BULLINGER, Markus; HAGENBOURGER, David und NIEDERMEIER, Florian: Methods for Objectification of Test Tire Evaluation, in: *chassis.tech plus - 1. Internationales Münchner Fahrwerk-Symposium*

[Gut11]   GUTJAHR, David; NIEDERMEIER, Florian; BISCHOFF, Tobias; HOLTSCHULZE, Jens und GAUTERIN, Frank: Anwendung eines Modells zur temperaturabhängigen Anpassung der Reifeneigenschaften in der Gesamtfahrzeugsimulation, in: *Reifen-Fahrwerk-Fahrbahn - 13. Internationale VDI-Tagung*, Hannover

[Gut13]   GUTJAHR, David: *Schutzrecht DE 102011084185 A1 (11.04.2013), Lenksystem eines zweispurigen Kraftfahrzeugs*, BMW AG (2013)

[Han89]   HANADA, R.; NAGUMO, T. und MASHITA, T.: Phase Lag of Tire Cornering Force. *Tire Science and Technology* (1989), Bd. 17(3): S. 184–200

[Har02]   HARNETT, Philip: *Objective Methods for the Assessment of Passenger Car Steering Quality*, Dissertation, Cranfield University (2002)

[Har07]   HARRER, Manfred: *Characterisation of Steering Feel*, Dissertation, University of Bath (2007)

[Hei02]   HEISSING, Bernd und BRANDL, Hans Jürgen: *Subjektive Beurteilung des Fahrverhaltens*, Vogel, Würzburg (2002)

[Hil10]   HILSCHER, Carsten: *Komfortrelevante Charakterisierung des Übertragungsverhaltens von Reifen in Messung und Simulation*, Dissertation, Technische Universität Dresden (2010)

[Hol00]   HOLTSCHULZE, Jens: Die dynamischen Seitenkrafteigenschaften von Reifen und ihre Auswirkungen auf das Lenkverhalten, in: *Fahrwerktechnik*, Haus der Technik e.V., München

[Hol06]   HOLTSCHULZE, Jens: *Analyse der Reifenverformungen für eine Identifikation des Reibwerts und weiterer Betriebsgrößen zur Unterstützung von Fahrdynamikregelsystemen*, Dissertation, RWTH Aachen (2006)

[Hua04]   HUANG, Beishi: *Regelkonzepte zur Fahrzeugführung unter Einbeziehung der Bedienelementeigenschaften*, Dissertation, Technische Universität München (2004)

[Hun12]   HUNEKE, Malte: *Fahrverhaltensbewertung mit anwendungsspezifischen Fahrdynamikmodellen*, Dissertation, Technische Universität Braunschweig (2012)

[Hüs13]   HÜSEMANN, Thomas; PASCALI, Leonardo und HAUPT, Michael: Methodik und Tools für eine integrierte Reifen-Fahrwerk-Entwicklung, in: *Reifen-Fahrwerk-Fahrbahn - 14. Internationale VDI-Tagung*, Hannover

[ISO96]   ISO 4138:1996(E): Passenger cars - Steady-state circular driving behaviour - Open-loop test procedure (1996)

[ISO03a]   ISO 13674-1:2003: Road vehicles - Test method for the quantification of on-centre handling - Part 1: Weave test (2003)

[ISO03b]   ISO 7401:2003(E): Road vehicles - Lateral transient response test methods - Open-loop test methods (2003)

[ISO06]   ISO 13674-2:2006(E): Road vehicles - Test method for the quantification of on-centre handling - Part 2: Transition Test (2006)

[Jak79]   JAKSCH, F. O.: *Driver-vehicle Interaction with Respect to Steering Controllability*, SAE Technical Paper 790740 (1979)

[Kna10]   KNAUER, Peter: *Objektivierung des Schwingungskomforts bei instationärer Fahrbahnanregung*, Dissertation, Technische Universität München (2010)

[Kra10]   KRAFT, Christian: *Gezielte Variation und Analyse des Fahrverhaltens von Kraftfahrzeugen mittels elektrischer Linearaktuatoren im Fahrwerksbereich*, Dissertation, Karlsruher Institut für Technologie (2010)

[Krü01]   KRÜGER, Hans-Peter und NEUKUM, Alexandra: Bewertung von Handlingeigenschaften - Zur methodischen und inhaltlichen Kritik des korrelativen Forschungsansatzes, in: Thomas Jürgensohn und Klaus-Peter Timpe (Herausgeber) *Kraftfahrzeugführung*, Springer-Verlag, Berlin, Heidelberg, New York (2001), S. 245–262

[Kud89]   KUDRITZKI, Detlef: *Zum Einfluss querdynamischer Bewegungsgrößen auf die Beurteilung des Fahrverhaltens*, Fortschritt-Berichte VDI Reihe 12 Nr. 132, VDI Verlag, Düsseldorf (1989)

[Kud00]   KUDRITZKI, Detlef: Möglichkeiten der Objektivierung subjektiver Beurteilungen, in: Klaus Becker (Herausgeber) *Subjektive Fahreindrücke sichtbar machen*, expert Verlag, Renningen-Malmsheim (2000)

[Lei09]   LEISTER, Günter: *Fahrzeugreifen und Fahrwerkentwicklung - Strategie, Methoden, Tools*, Vieweg+Teubner, Wiesbaden (2009)

[Lin73]   LINCKE, W.; RICHTER, B. und SCHMIDT, R.: *Simulation and measurement of driver vehicle handling performance*, SAE Technical Paper 730489 (1973)

[Lis98]   LIST, Helmut; SCHÖGGL, Peter und FRAIDL, Günter Karl: Objektive Beurteilung des subjektiven Fahrempfindens. *ATZ Automobiltechnische Zeitschrift* (1998), Bd. 100(4)

[Lot97]   LOTH, Stefan: *Fahrdynamische Einflußgrößen beim Geradeauslauf von Pkw*, Dissertation, Technische Universität Braunschweig (1997)

[Man00]   MANCOSU, Federico und SAVI, Carlo: Vehicle Sensitivity to Tyre Characteristics both in Open and Closed Loop Manoeuvres, in: *ADAMS User Conference*

[Mas12]   MAS, Jordi: *Model based evaluation of road test measurements to objectify subjective assessments of tire characteristics*, RWTH Aachen, Masterarbeit (2012)

[Mir12]   MIRZA TABATABAEI, Soheyl: *Entwicklung einer adaptiven Lenkungsapplikation*, RWTH Aachen, Masterarbeit (2012)

[Mit04]   MITSCHKE, Manfred und WALLENTOWITZ, Henning: *Dynamik der Kraftfahrzeuge*, Springer, Berlin, 4., neubearbeitete auflage Aufl. (2004)

[MT08]   MEYER-TUVE, Harald: *Modellbasiertes Analysetool zur Bewertung der Fahrzeugquerdynamik anhand von objektiven Bewegungsgrößen*, Dissertation, Technische Universität München (2008)

[MTS]   MTS SYSTEMS CORPORATION: *MTS Flat-Trac III CT Tire Test System*, 14000 Technology Drive, Eden Prairie, MN 55344-2290 USA

[Mur06]   MURAGISHI, Y.; FUKUI, K.; ASAGA, Y.; ONO, E.; YAMAMO-
          TO, Y.; KATSUYAMA, E. und H., Sakai: Enhancement of vehicle
          dynamic behavior based on visual and motion sensitivity (First
          report) - Development of human sensitivity evaluation system,
          in: *AVEC '06 - International Symposium on Advanced Vehicle
          Control*

[Neu01]   NEUKUM, A.; KRÜGER, H.-P. und SCHULLER, J.: Der Fahrer
          als Messinstrument für fahrdynamische Eigenschaften?, in: *Ta-
          gung "Der Fahrer im 21. Jahrhundert"*, VDI Verlag, Düsseldorf

[Nob68]   NOBIS, Günter: *Beitrag zur Schluckfähigkeit von Pkw-Reifen
          beim mittigen Überfahren kleiner Einzelhindernisse*, Dissertati-
          on, Technische Universität Dresden (1968)

[Nor84]   NORMAN, Kenneth D.: *Objective Evaluation of On-Center
          Handling Performance*, SAE Technical Paper 840069 (1984)

[Oos98]   OOSTEN, Jan van; AUGUSTIN, Martin; GNADLER, Rolf und
          UNRAU, Hans-Joachim: EC Research Project TIME - Tire Mea-
          surements, Forces and Moments Workpackage 2: Analysis of
          Parameter influence on tyre-test results, in: *2. Darmstädter Rei-
          fenkolloquium*, Fortschritt-Berichte VDI Reihe 12 Nr. 362, Prof.
          Dr.-Ing. Bert Breuer, Düsseldorf

[Pac06]   PACEJKA, Hans B.: *Tyre and Vehicle Dynamics*, Butterworth-
          Heinemann Verlag, Oxford, 2. auflage Aufl. (2006)

[Pfe06]   PFEFFER, Peter: *Interaction of vehicle and steering system re-
          garding on-centre handling*, Dissertation, University of Bath
          (2006)

[Pfe11]   PFEFFER, Peter und HARRER, Manfred: *Lenkungshandbuch -
          Lenksysteme, Lenkgefühl, Fahrdynamik von Kraftfahrzeugen*,
          Vieweg+Teubner, Wiesbaden (2011)

[Pil77]   PILZ, Horst und STUMPF, Horst: Bewertung von Lenk- und Komfortverhalten von Reifen durch Labormessung. *Kautschuk Gummi Kunststoffe* (1977), Bd. 30(8): S. 547

[Pre07]   PRENNINGER, K.; HIRSCHBERG, W. und VOLKWEIN, S.: Ein neuer Ansatz in der objektiven Fahrdynamikbeurteilung - Parameterschätzung der nichtlinearen Schräglaufsteifigkeiten, in: *VDI Berichte Nr. 1990*, VDI Verlag, Düsseldorf (2007)

[Reg13]   REGH, Fabian; BÖHM, Christoph; DIEBOLD, Luc und WEIST, Udo: Kinästhetische Erfahrung der Handling-Eigenschaften digitaler Prototypen auf Basis der Mehrkörpersimulation im Closed-Loop Versuch, in: *Reifen-Fahrwerk-Fahrbahn - 14. Internationale VDI-Tagung*, Hannover

[Rei92]   REICHELT, W. und STRACKERJAN, B.: Bewertung der Fahrdynamik vom Pkw im geschlossenen Regelkreis mit Hilfe von Fahrsimulatoren und Fahrermodellen, in: *VDI Berichte Nr. 1992*, VDI Verlag, Düsseldorf (1992)

[Rei10]   REINHOLD, Nadine: *Erlebbarkeit dynamischer Fahrzeugeigenschaften im Fahrsimulator - Entwicklungspotentiale durch Subjektivbewertung*, RWTH Aachen, Diplomarbeit (2010)

[Rie40]   RIEKERT, P. und SCHUNCK, T. E.: Zur Fahrmechanik des gummibereiften Kraftfahrzeugs, in: *Archive of Applied Mechanics*, Bd. 11, Springer (1940)

[Rie97]   RIEDEL, Andreas und ARBINGER, Roland: Subjektive und objektive Beurteilung des Fahrverhaltens von Pkw, in: *FAT-Schriftenreihe Bd. 139*, Forschungsvereinigung Automobiltechnik e.V. (FAT), Frankfurt am Main (1997)

[Rie00]   RIEDEL, Andreas und ARBINGER, Roland: Ergänzende Auswertungen zur subjektiven und objektiven Beurteilung des Fahrverhaltens von Pkw, in: *FAT-Schriftenreihe Bd. 161*, Forschungsvereinigung Automobiltechnik e.V. (FAT), Frankfurt am Main (2000)

[Rön77]   RÖNITZ, Rolf; BRAESS, Hans-Hermann und ZOMOTOR, Adam: Verfahren und Kriterien zur Bewertung des Fahrverhaltens von Personenkraftwagen. *Automobil-Industrie 1/77* (1977): S. 29–39

[Roo95]   ROOS, G.: *Numerical Design of Vehicles with Optimal Straight Line Stability on Undulating Road Surfaces*, Dissertation, Technical University Eindhoven (1995)

[Rup11]   RUPP, Kathrin: *Menschliche Wahrnehmung bei der Reifensubjektivbeurteilung*, Hochschule Amberg-Weiden, Diplomarbeit (2011)

[Sam07]   SAMMET, Timo: *Motion-Cueing-Algorithmen für die Fahrsimulation*, Dissertation, Technische Universität München (2007)

[Sat91]   SATO, H.; OSAWA, I. und HARAGUCHI, J.: The Quantitative Analysis of Steering Feel. *Japan SAE Review* (1991), Bd. 12(2)

[Sch42]   SCHLIPPE, Boris von und DIETRICH, Rudolf: *Zur Mechanik des Luftreifens*, Oldenbourg Verlag, München et al. (1942)

[Sch03]   SCHUBERT, Jan: *Experimentelle und theoretische Untersuchungen zum Reifen/Fahrbahn-Rollgeräusch*, Dissertation, Technische Universität Dresden (2003)

[Sch09]   SCHMID, Alexander und FÖRSCHL, Stefan: Reifenmodellparametrierung - Vom realen zum virtuellen Reifen. *ATZ Automobiltechnische Zeitschrift* (2009), Bd. 3: S. 188–193

[Sch10] SCHIMMEL, Christian: *Entwicklung eines fahrerbasierten Werkzeugs zur Objektivierung subjektiver Fahreindrücke*, Dissertation, Technische Universität München (2010)

[Seg56] SEGEL, Leonard: Theoretical prediction and experimental substantation of the response of the automobile to steering control, in: *IMechE*, S. 310–330

[Siv13] SIVARAMAKRISHNAN, Srikanth und TAHERI, Saied: Using Objective Vehicle-Handling Metrics for Tire Performance Evaluation and Selection, in: *SAE Int. J. Passeng. Cars - Mech. Syst. 6(2)* (2013)

[Sta97] STAMER, Norbert: *Ermittlung optimaler PKW-Querdynamik und ihre Realisierung durch Allradlenkung*, Fortschritt-Berichte VDI Reihe 12 Nr. 302, VDI Verlag, Düsseldorf (1997)

[Str82] STRANGE, R. J.: *Instrumented Objective Tire/Vehicle Handling Testing*, SAE Technical Paper 820456 (1982)

[Str02] STRAUB, Thomas und SUGINAKA, Ryoii: Bremspedalgefühl - Gegenüberstellung von objektiven Messwerten, subjektiven Fahreindrücken eines konventionellen Bremssystems und einer Brake-by-Wire Bremsanlage, in: Klaus Becker und E. Steinmetz (Herausgeber) *Subjektive Fahreindrücke sichtbar machen II*, expert Verlag, Renningen (2002)

[Tom83] TOMASKE, Winfried: *Einfluß der Bewegungsinformation auf das Lenkregelverhalten des Fahrers sowie Folgerungen für die Auslegung von Fahrsimulatoren*, Dissertation, Hochschule der Bundeswehr Hamburg (1983)

[Tom06]   TOMASKE, Winfried und MEYWERK, Martin: Möglichkeiten zur Vermittlung von subjektiven Fahreindrücken mit Fahrsimulatoren, in: Klaus Becker (Herausgeber) *Subjektive Fahreindrücke sichtbar machen III*, expert Verlag, Renningen (2006)

[Unr97]   UNRAU, H.-J. und ZAMOW, J.: *TYDEX-Format*, release 1.3. TYDEX Workshop Aufl. (1997)

[Vie08]   VIETINGHOFF, Anne von: *Nichtlineare Regelung von Kraftfahrzeugen in querdyanmisch kritischen Fahrsituationen*, Dissertation, Universität Karlsruhe (TH) (2008)

[Vog11]   VOGT, Christian und PENNO, Christian: Persönliche Mitteilung, BMW Group (7.12.2011)

[Wal73]   WALDMANN, Dieter: *Beitrag zum Verhalten des Systems Fahrer-Fahrzeug unter besonderer Berücksichtigung von Lenkübersetzung und Lenkmoment*, Dissertation, Technische Universität München (1973)

[Wei78]   WEIR, D. H. und DIMARCO, R. J.: *Correlation and Evaluation of Driver/Vehicle Directional Handling Data*, SAE Technical Paper 780010 (1978)

[Wol05]   WOLF, Hagen und BUBB, Heiner: Ergonomie in der Fahrwerksentwicklung - Wo und wie kann sie dort hilfreich sein?, in: *fahrwerk.tech*, München

[Wol09]   WOLF, Hagen: *Ergonomische Untersuchung des Lenkgefühls an Personenkraftwagen*, Dissertation, Technische Universität München (2009)

[You96]   YOUNGBLUT, Christine; JOHNSON, Rob E.; NASH, Sarah H.; WIENCLAW, Ruth A. und WILL, Craig A.: *Review of Virtual Environment*, Institute for Defense Analyses, Alexandria (Virginia, USA) (1996)

[Zey10]   ZEYEN, Marian: *Identifikation fahrdynamischer Kenngrößen für ein 1-Spurmodell*, Universität Magdeburg, Diplomarbeit (2010)

[Zom91]   ZOMOTOR, Adam: *Fahrwerktechnik: Fahrverhalten*, Vogel, Würzburg, 2., aktualisierte aufl Aufl. (1991)

[Zom98]   ZOMOTOR, Adam; BRAESS, Hans-Hermann und RÖNITZ, Rolf: Verfahren und Kriterien zur Bewertung des Fahrverhaltens von Personenkraftwagen - Ein Rückblick auf die letzten 20 Jahre. *ATZ Automobiltechnische Zeitschrift* (1997/98), Bd. 99/100(12/3)

[Zsc09]   ZSCHOCKE, Alexander K.: *Ein Beitrag zur objektiven und subjektiven Evaluierung des Lenkkomforts von Kraftfahrzeugen*, Dissertation, Universität Karlsruhe (2009)

Abkürzungsverzeichnis

Lateinische Buchstaben

a	Beschleunigung
b	Regressionskoeffizient
C	Integrationskonstante
C, c	Steifigkeit
c_α	Schräglaufsteifigkeit
D	Dämpfung
d	Differenz
d	Dämpfung
deg	Degression
e_i	Residualwert der Beobachtung i
F	Kraft
F_{emp}	empirischer F-Wert
h_R	Höhe Rollzentrum
h_w	Wankhöhe
h_{SP}	Höhe Schwerpunkt
i	Übersetzung
J	Trägheitsmoment
J_x	rotatorisches Trägheitsmoment des Aufbaus
l	Abstand Achse - Schwerpunkt
M	Moment
m	Masse

n	Nachlauf
n	Stichprobenumfang
P	Momentanpol
p	Irrtumswahrscheinlichkeit
R	Bestimmtheitsmaß
r	Abstand
r	Korrelationskoeffizient
R_k	Bestimmtheitsmaß für die Regression einer unabhängigen Variable auf die übrigen Variablen
$r_\#$	Korrelationskoeffizient zwischen Variablen
s	Standardschätzfehler
t	t-Wert
T_k	Toleranz der unabhängigen Variable k
v	Fahrgeschwindigkeit
y	abhängige Variable
y_A	Querweg des Aufbaus
y_F	Querweg des Fahrwerks

Griechische Buchstaben

β	Fahrzeugschwimmwinkel
Δ	Differenz
δ	Radlenkwinkel
ε	Residuum
γ	Sturzwinkel
Ω	Erregerkreisfrequenz
ω	Eigenkreisfrequenz
ψ	Gierwinkel
σ	Spreizungswinkel

σ	Standardabweichung
σ_α	Reifeneinlauflänge
τ	Nachlaufwinkel
τ	Zeitkonstante
θ	Nickwinkel
φ	Wankwinkel

Indizes

0	bei Rollen ohne Schräglaufwinkel
α	Schräglauf
A	Aufbau
a	substituiert
Dim	Reifendimension
eff	effektiv
F	Fahrwerk
H	Hand
h	hinten
HA	Hinterachse
i	Laufvariable
j	Laufvariable
k	Anzahl der unabhängigen Variablen
k	Laufvariable
kin	kinematisch
kon	Konizität
L	längs
mw	Mittelwert
ply	Ply-Steer
$pneu$	pneumatisch
rad	radial
Reg	Regression

res	resultierend
S	seitlich
stat	statisch
T	Temperatur
TC	funktionale Reifencharakteristik
UV	Unabhängige Variable
v	vorn
VA	Vorderachse
w	Wank
x	Längsachse
y	Querachse
z	Hochachse

Konstanten

π	Kreiszahl	3,14159...	
g	Erdbeschleunigung	9,81	$\left[\frac{m}{s^2}\right]$
i	imaginäre Einheit		

Abkürzungen

BI	Beurteilungsindex
EPS	elektrisch unterstütztes Lenksystem (Electric-Power-Steering)
DOE	Design-of-Experiment

Glossar

Beurteilungskriterium Umfang zur subjektiven Beurteilung eines
Aspekts des Fahrzeugverhaltens in einem Manöver oder einem Ablauf an Manövern.

Beurteilungsmerkmal Teilaspekt eines Beurteilungskriteriums zum
Fahrzeugverhalten.

Ersatzmanöver Definiertes Manöver, das eine reale Situation oder Nutzung des Fahrzeugs darstellt oder abbildet.

Gieren Drehbewegung des Fahrzeugs um die Hochachse.

Gierübertragungsfunktion Lineare Funktion zur vereinfachten Beschreibung des Gierverhaltens des Fahrzeugs im niedrigdynamischen
Bereich auf eine Lenkradwinkeleingabe.

Haftung Das vornehmliche Vorliegen von Haftkontakt zwischen Reifen
und Fahrbahn.

Homoskedastizität Gleichmäßige Verteilung der Residuen über die Skala des Schätzwertes eines Regressionsmodells.

Lenkanbindung Folgen des Fahrzeugs auf die Lenkradwinkeleingabe des
Fahrers.

Lenkkraftanstieg Während eines Fahrmanövers subjektiv empfundener
Anstieg der Lenkkraft aus der Mittelstellung des Lenkrades heraus.
Dieser kann bspw. als progressiv oder degressiv beurteilt werden.

Lenkkraftniveau Höhe der subjektiv während eines Fahrmanövers empfundenen Lenkkraft.

Lenkradwinkel Winkel des vom Fahrer betätigten Lenkrades.

Lenkwinkel Winkel zwischen x-Achse des Fahrzeugs und der gelenkten Vorderräder eines Fahrzeugs.

Mittengefühl Bezeichnung für Höhe und der Verlauf der subjektiv empfundenen Lenkkraft um die Mittelstellung des Lenkrades während eines Fahrmanövers.

Querbeschleunigungsübertragungsfunktion Lineare Funktion zur vereinfachten Beschreibung des Querbeschleunigungsverhaltens des Fahrzeugs auf eine Lenkradwinkeleingabe.

Reifenfahrfunktion Auf die Reifeneigenschaften zurückzuführende Reaktion des Fahrzeugs auf die Fahrereingabe.

Schwimmwinkel Winkel zwischen Längsachse und Geschwindigkeitsvektor eines Fahrzeugs im Schwerpunkt.

Simulationsumgebung Rechnergestütztes Werkzeug mit einer mathematischen Modellierung des Fahrzeugs zur Berechnung der Fahrzeugreaktion.

Stabilität Liegt vor bei einem untersteuernden Fahrverhalten eines Fahrzeugs.

Störungsempfindlichkeit Die Ausgeprägtheit der Fahrzeugreaktion auf von außen eingebrachte Störungen.

TB-Wert Der TB-Wert ist ein zusammengesetzter Kennwert zur Beschreibung des Fahrverhaltens aus dem Produkt der Peak-Response-Time der Giergeschwindigkeit und dem stationären Schwimmwinkel im Manöver Lenkwinkelsprung (vgl. [Mit04]).

Totband Wertebereich eines Eingangssignals, für den keine Änderung im Ausgangssignal erzeugt wird.

Verziehen Eine ungewünschte, nicht vom Fahrer verursachte Kursänderung des Fahrzeugs.

Wanken Drehbewegung des Fahrzeugaufbaus um eine Achse in Längsrichtung des Fahrzeugs.

Wirkkette Kausaler Zusammenhang der Wechselwirkung zwischen Komponenten oder Subsystemen.

A. Anhang

Kriterium		Manöver und Fahreraufgabe	Beurteilungsmerkmale
Gerade-auslauf	ebene Fahrbahn	Geradeausfahrt mit Festhalten des Lenkrades ohne bewusste Lenkradwinkeleingabe des Fahrers bei Fahrt auf ebener Fahrbahn mit konstanter Fahrgeschwindigkeit von 190 km/h	Kursabweichungen, lateraler Versatz des Fahrzeugs, störende Bewegung des Fahrzeugaufbaus, Lenkradeinträge
	in Spurrinnen	Geradeausfahrt mit Festhalten des Lenkrades ohne bewusste Lenkradwinkeleingabe des Fahrers bei Fahrt über Spurrinnen in einem spitzen Winkel mit konstanter Fahrgeschwindigkeit von 90 km/h	Höhe von Lenkkraftschwankungen, Reaktion des Fahrzeugaufbaus und Kursbeeinflussungen bei Überfahrt von Spurrinnen
Lenk-eigen-schaften	Ansprechen	Lenken eines Mikrosinus mit kleinster Lenradwinkeleingabe bei konstanter Fahrgeschwindigkeit von 80 km/h	Höhe und zeitliches Verhaltens der Fahrzeugreaktion
	Lenkkraft	Sinusförmiges Lenken mit mehreren Lenradwinkel-amplituden bzw. -frequenzen bei konstanter Fahrgeschwindigkeit von 60 km/h	Lenkkraftniveau, Anstieg der Lenkkraft, Mittengefühl, Linearität der Lenkkraft über den Lenkradwinkel
	Verlauf Seitenführung	Lenkwinkelsprung bei Fahrt auf ebener Fahrbahn und konstanter Fahrgeschwindigkeit von 120 km/h	Fahrzeugverhalten auf Sprungeingabe, insbesondere die Verzögerung der Fahrzeugreaktion
Kurven-fahrt	Grenzbereich	Festhalten des Lenkrades in Kehre mit konstantem Radius mit bis zu Grenzgeschwindigkeit	Kraftschluss, Eigenlenkverhalten, Stabilität
	Lastwechsel-reaktion	Festhalten des Lenkrades bei Gaswegnahme in Kehre mit konstantem Radius bei einer Fahrgeschwindigkeit von ca. 110 km/h	Eindrehen des Fahrzeugs, Schwimmwinkelaufbau, Stabilität der Hinterachse bei Gaswegnahme
	Schneller Spurwechsel	Hochdynamischer Spurwechsel bei Fahrt auf zweispuriger, ebener Fahrbahn mit konstanter Fahrgeschwindigkeit von 160 km/h	Lenkanbindung, Stabilität, Gegenlenkbedarf

Tabelle A.1.: Übersicht der Beurteilungskriterien mit Fahreraufgabe und Beurteilungsmerkmalen

	Geradeaus-lauf ebene Fahrbahn	Geradeaus-lauf in Spurrinne	An-sprechen	Verlauf Seiten-führung	Lenkkraft	Kurven-fahrt im Grenz-bereich	Last-wechsel-reaktion	Schneller Spur-wechsel
Geradeauslauf ebene Fahrbahn	1							
Geradeauslauf in Spurrinne	-0,33	1						
Ansprechen	0,57	**-0,60**	1					
Verlauf Seitenführung	**0,62**	-0,55	**0,64**	1				
Lenkkraft	0,34	-0,58	**0,61**	0,47	1			
Kurvenfahrt im Grenzbereich	0,54	**-0,76**	**0,70**	**0,64**	0,51	1		
Lastwechselreaktion	0,51	**-0,72**	**0,61**	**0,66**	0,48	**0,88**	1	
Schneller Spurwechsel	0,51	**-0,74**	**0,64**	**0,68**	0,51	**0,92**	**0,93**	1

Tabelle A.2.: Korrelationsmatrix der Subjektivbeurteilungskriterien

Messgröße	Quelle	Aufzeichung	Messbereich	Genauigkeit	Auflösung
Lenkwinkel	Fzg.-Lenksystem	Fzg.-CAN / Recorder	$\pm 1440°$	*k. A.*	*k. A.*
	Lenkmaschine	Messaufbau	$\pm 750°$	$\pm 0,2°$	$0,023°$
Lenkmoment	Fzg.-Lenksystem	Fzg.-CAN / Recorder	± 8 Nm	$\pm 0,250$ Nm	$0,0150$ Nm
	Lenkmaschine	Messaufbau	± 50 Nm	$\pm 0,125$ Nm	$0,0015$ Nm
Giergeschwindigkeit	Fzg.-Sensorcluster	Fzg.-CAN / Recorder	± 75 °/s	$< \pm 3,500$ °/s	$< 0,20$ °/s
	Kreiselsystem	Messaufbau	± 320 °/s	$\pm 0,002$ °/s	$0,01$ °/s
Querbeschleunigung	Fzg.-Sensorcluster	Fzg.-CAN / Recorder	$\pm 16,7$ m/s²	$\pm 1,08$ m/s²	$< 0,050$ m/s²
	Kreiselsystem	Messaufbau	$\pm 24,5$ m/s²	$\pm 0,03$ m/s²	$0,001$ m/s²

Tabelle A.3.: Herstellerspezifikationen der verwendeten Messsysteme

Messystem	Lenkradwinkel-amplitude	Beispielreifen R16		Beispielreifen R17	
		Querbeschleunigung			
		Amplitude [m/s²]	Phase [rad]	Amplitude [m/s²]	Phase [rad]
(A) Fzg.-System	3°	0,05	-0,74	0,05	-0,65
	6°	0,03	0,29	0,08	-0,69
(B) Messaufbau	3°	0,05	-1,01	0,05	-0,91
	6°	0,03	0,43	0,09	-0,90
Differenz A - B absolut	3°	0,00	0,28	0,00	0,26
	6°	0,00	-0,14	-0,01	0,21
Differenz A - B relativ	3°	-9%	-28%	2%	-29%
	6°	-7%	-32%	-9%	-23%

Tabelle A.4.: Abweichungen der gemessenen Übertragungsfunktion zwischen Lenkradwinkel und Querbeschleunigung bei Sinuslenken mit einer Frequenz von 1 Hz

		eben	in Spurrinnen	
		Spektrale Leistungsdichte der Querbeschleunigung	Varianz der Querbeschleunigung	Varianz des Lenkmoments
eben	Spektrale Leistungsdichte der Querbeschleunigung	-		
in Spurrinnen	Varianz der Querbeschleunigung	76,01%	-	
	Varianz des Lenkmoments	44,94%	0,00%	-

Tabelle A.5.: Irrtumswahrscheinlichkeiten der ausgewählten Objektivwerte für die Kriterien des Geradeauslaufs

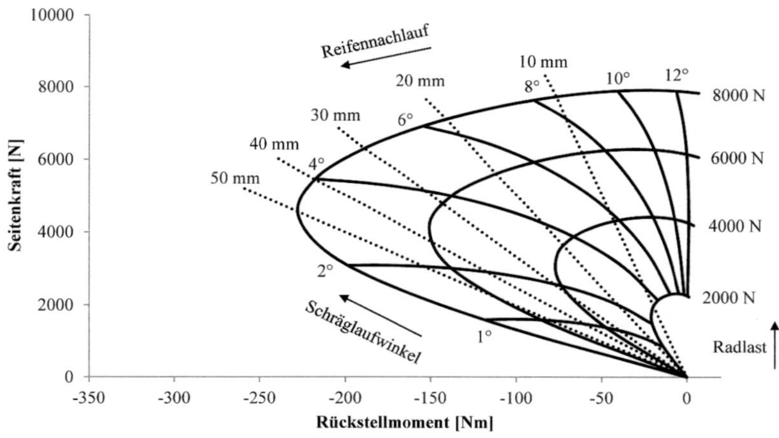

Bild A.1.: Gough-Diagramm eines Beispielreifens der Dimension 195/55 R16

		Ansprechen				Verlauf Seitenführung			Lenkkraft		
		Querbeschleunigungs-verstärkung	Phasenverzug Querbeschleunigung	Phasenverzug Schwimmwinkelgeschwindigkeit	Gierverstärkung	Zeitverzug zw. Lenkwinkel und Querbeschleunigung	Schwimmwinkelverstärkung	Verhältnis zw. Giergeschw. und Querbeschleunigung	Steigung der Hysterese zw. Giergeschw. und Lenkmoment bei 4°	Totband des Lenkmoments bez. auf Giergeschw.bei 14° Handlenkwinkel	Breite der Hysterese zw. Giergeschw. und Querbeschl. bei 14° Handlenkwinkel
Ansprechen	Querbeschleunigungsverstärkung	-									
	Phasenverzug Querbeschleunigung	0,00%	-								
	Phasenverzug Schwimmwinkelgeschwindigkeit	0,00%	0,00%	-							
	Gierverstärkung	0,00%	10,77%	-	-						
Verlauf Seitenführung	Zeitverzug zw. Lenkwinkel und Querbeschleunigung	0,00%	0,00%	0,00%	39,76%	-					
	Schwimmwinkelverstärkung	0,00%	0,00%	0,00%	-	0,00%	-				
	Verhältnis zw. Giergeschw. und Querbeschleunigung	0,00%	0,00%	0,00%	-	0,00%	0,00%	-			
Lenkkraft	Steigung der Hysterese zw. Giergeschw. und Lenkmoment bei 4° Handlenkwinkel	0,39%	0,01%	46,15%	-	0,00%	7,46%	13,84%	-		
	Totband des Lenkmoments bez. auf Giergeschw.bei 14° Handlenkwinkel	1,69%	2,27%	24,29%	21,01%	2,80%	-	15,16%	0,13%	-	
	Breite der Hysterese zw. Giergeschw. und Querbeschleunigung bei 14° Handlenkwinkel	0,01%	0,00%	0,00%	79,50%	0,00%	0,34%	0,09%	2,27%	7,14%	-

Tabelle A.6.: Irrtumswahrscheinlichkeiten der ausgewählten Objektivwerte für die Kriterien der Lenkeigenschaften

		im Grenzbereich			Lastwechsel		Schneller Spurwechsel		
		Querbeschleunigungsmaximum	Lenkwinkelwert	Lenkwinkeldifferenz	Änderung Giergeschwindigkeit	Änderung Schwimmwinkel	Querbeschleunigungsverstärkung	Phasenverzug zw. Giergeschwindigkeit und Querbeschleunigung	Phasenverzug zw. Giergeschw. und Querbeschleunigung
im Grenz-bereich	Querbeschleunigungsmaximum	-							
	Lenkwinkelwert	67,56%	-						
	Lenkwinkeldifferenz	-	28,46%	11,49%					
Last-wechsel	Änderung Giergeschwindigkeit	0,04%	0,22%	8,66%	-				
	Änderung Schwimmwinkel	0,13%	0,01%	-	0,00%	-			
Schneller Spur-wechsel	Querbeschleunigungsverstärkung	0,59%	9,69%	26,67%	0,00%	0,00%	-		
	Phasenverzug zw. Giergeschw. und Querbeschleunigung	0,00%	8,19%	55,37%	0,00%	0,02%	0,00%	-	
	Phasenverzug der Gierrate	0,62%	0,45%	-	0,00%	0,00%	0,00%	0,00%	-

Tabelle A.7.: Irrtumswahrscheinlichkeiten der ausgewählten Objektivwerte für die Kriterien der Kurvenfahrt

Kriterium		Unabhängige Variablen	t-Wert	Signifikanz-niveau	beta-Gewicht	95 % Konfidenzintervall unten / oben		Toleranz
Geradeauslauf	ebene Fahrbahn	Spektrale Leistungsdichte der Querbeschleunigung	-5,4	< 0,1 %	-0,45	-3,68	-1,70	1,00
	in Spurrinnen	Varianz der Querbeschleunigung	-6,5	< 0,1%	-0,52	-22,00	-11,78	0,62
		Varianz des Lenkmoments	-2,3	2,5%	-0,18	-3,33	-0,22	0,62
Lenk-eigenschaften	Ansprechen	Querbeschleunigungsverstärkung	3,0	0,3%	0,26	4,54	22,60	0,28
		Phasenverzug Querbeschleunigung	4,1	< 0,1%	0,36	0,55	1,59	0,28
		Phasenverzug Schwimmwinkelgeschwindigkeit	-3,0	0,3%	-0,16	-0,29	-0,06	0,71
		Gierverstärkung	2,2	2,9%	0,14	0,38	6,91	0,53
	Verlauf Seitenführung	Zeitverzug Lenkwinkel - Querbeschleunigung	-2,8	0,5%	-0,21	-5,72	-1,02	0,70
		Schwimmwinkelverstärkung	2,1	3,9%	0,16	0,04	1,43	0,67
		Verhältnis zw. Gierrate und Querbeschleunigung	-4,5	< 0,1%	-0,32	-3,25	-1,26	0,76
	Lenkkraft	Steigung der Hysterese zw. Gierrate und Lenkmoment bei 4° Handlenkwinkel	5,0	< 0,1%	0,461	0,964	2,248	0,846
		Totband des Lenkmoments der Hysterese zw. Gierrate und Lenkoment bei 14° Handlenkwinkel	3,6	0,1%	0,343	0,163	0,560	0,809
		Breite der Hysterese zwischen Gierrate und Querbeschleunigung bei 14° Handlenkwinkel	1,4	15,7%	0,131	-0,657	3,994	0,864
Kurven-verhalten	im Grenzbereich	Querbeschleunigungsmaximum	7,3	< 0,1%	0,59	0,62	1,09	0,91
		Lenkwinkelwert	4,5	< 0,1%	0,35	0,01	0,02	0,99
		Lenkwinkeldifferenz	-1,4	17,8%	-0,11	-0,04	0,01	0,90
	Lastwechsel-reaktion	Änderung Gierrate	-6,3	< 0,1%	-0,46	-0,60	-0,31	0,61
		Änderung Schwimmwinkel	-4,4	< 0,1%	-0,33	-0,16	-0,06	0,61
	Schneller Spurwechsel	Querbeschleunigungsverstärkung	4,1	< 0,1%	0,28	0,29	0,81	0,51
		Phasenverzug zwischen Gierrate und Querbeschleunigung	3,5	0,1%	0,21	0,43	1,52	0,69
		Phasenverzug der Gierrate	3,4	0,1%	0,24	1,39	5,16	0,48

Tabelle A.8.: Kenngrößen zu den unabhängigen Variablen der Regressionsmodelle

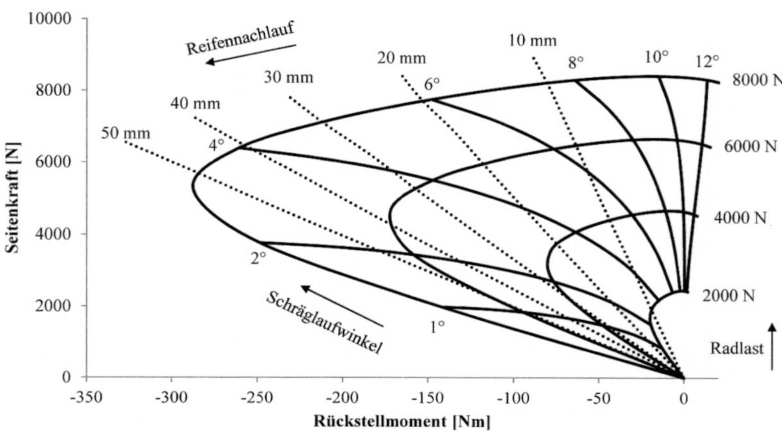

Bild A.2.: Gough-Diagramm eines Beispielreifens der Dimension 225/45 R17

Kenngröße	Symbol	Wert	Einheit
Achsschräglaufsteifigkeit vorne	c_v	1500	N/°
Achsschräglaufsteifigkeit hinten	c_h	1500	N/°
Abstand Schwerpunkt Vorderachse	l_v	1,38	m
Abstand Schwerpunkt Hinterachse	l_h	1,28	m
Fahrzeugmasse	m	1450	kg
Gierträgheit	J_z	2290	kg m²
Lenkübersetzung	i_{lenk}	15,9	
Höhe Rollzentrum	h_R	0,1	m
Höhe Schwerpunkt	h_{SP}	0,5	m
Wanksteifigkeit	c_W	9000	Nm/rad

Tabelle A.9.: Fahrzeugkenngrößen des Einspurmodells

Bild A.3.: Skript des analytischen Einspurmodells mit Wankaufsatz

```
% Analytische Lösung ESM - mit Wankbewegung
%
% Fahrzeugdaten
mf = 200; % Masse [kg]
ma = 1300; % Masse [kg]
v = 22;
l = 1.1; % Abstand SP [m]
lv = 1;
lh = 1;
iL = 15; % Lenkübersetzung
r = 1.0;   % Abstand Masse für rot. Trägheit [m]
Jz = (ma + mf)*(r.^2); % rot. Trägheit:
hw = 0.4;
Jx = ma*hw.^2;
cw_v = [90000 120000 200000];
dw_v = [1 1000 100000];
% Steifigkeiten / Dämpfung
cv = 2000 * 180./pi; % Schräglaufsteifigkeit in N/rad
ch = 3000 * 180./pi; % Schräglaufsteifigkeit in N/rad
s = 1.5;

for k=1:3
cw = cw_v(k); dw = dw_v(k);

% 1) Kräftegleichgewicht xy-Ebene
a11 = mf; %* afpp
b11 = s/(2*hw)*dw + (cv+ch)./v; %* afp
c11 = s/(2*hw)*cw; %* af
b12 = -s/(2*hw)*dw; %* aap
c12 = -s/(2*hw)*cw; %* aa
a13 = (cv*lv - ch*lh)./v; %* psipp
b13 = -(cv + ch); %* psip
d1 = cv; %* deltapp
a12 = 0;
c13 = 0;
e1 = 0;

% 2) Momentengleichgewicht xy-Ebene
c21 = (lv*cv-lh*ch)./v; %* af
a23 = Jz; %* psiapp
b23 = (lv.^2*cv +  lh.^2*ch)./v; %* psiap
c23 = (lh.*ch - lv.*cv); %* psia
e2 = lv.*cv; %*deltap
a21 = 0;
b21 = 0;
c22 = 0;
a22 = 0;
b22 = 0;
d2 = 0;

% 3) Momentengleichgewicht yz-Ebene (Wank-DGL)
a31 = Jx./hw.^2; %* afpp
b31 = 1/2*s.^2/hw.^2*dw; %* afp
c31 = 1/2*s.^2/hw.^2*cw; %* af
a32 = -(Jx./hw.^2 + ma); %* aapp
b32 = -1/2*s.^2/hw.^2*dw; %* aap
c32 = -1/2*s.^2/hw.^2*cw; %* aa
a33 = 0;
b33 = 0;
c33 = 0;
```

```matlab
d3 = 0;
e3 = 0;

%% inhomogene Lösung - TF
fa = 0.01:0.01:2; % Frequenz [Hz]

for j = 1:length(fa)
o = 2*pi*fa(j); % Omega

% Stern-Matrizen A*, B*
as11 = -o.^2*a11 + i*o*b11 + c11;
as12 = -o.^2*a12 + i*o*b12 + c12;
as13 = -o.^2*a13 + i*o*b13 + c13;
as21 = -o.^2*a21 + i*o*b21 + c21;
as22 = -o.^2*a22 + i*o*b22 + c22;
as23 = -o.^2*a23 + i*o*b23 + c23;
as31 = -o.^2*a31 + i*o*b31 + c31;
as32 = -o.^2*a32 + i*o*b32 + c32;
as33 = -o.^2*a33 + i*o*b33 + c33;

AS = [as11 as12 as13; as21 as22 as23; as31 as32 as33];

bs1 = -o.^2*d1 + i*o*e1;
bs2 = -o.^2*d2 + i*o*e2;
bs3 = -o.^2*d3 + i*o*e3;
BS = [bs1; bs2; bs3];

H = 1/iL*inv(AS)*BS;
H2 = H(2);
H3 = H(3);

AmpPsip{k}(j) = abs(H3);
AmpAY{k}(j) = abs(H2)*pi./180;

PhaPsip{k}(j) = angle(H3);
PhaAY{k}(j) = angle(H2);
end
end
```

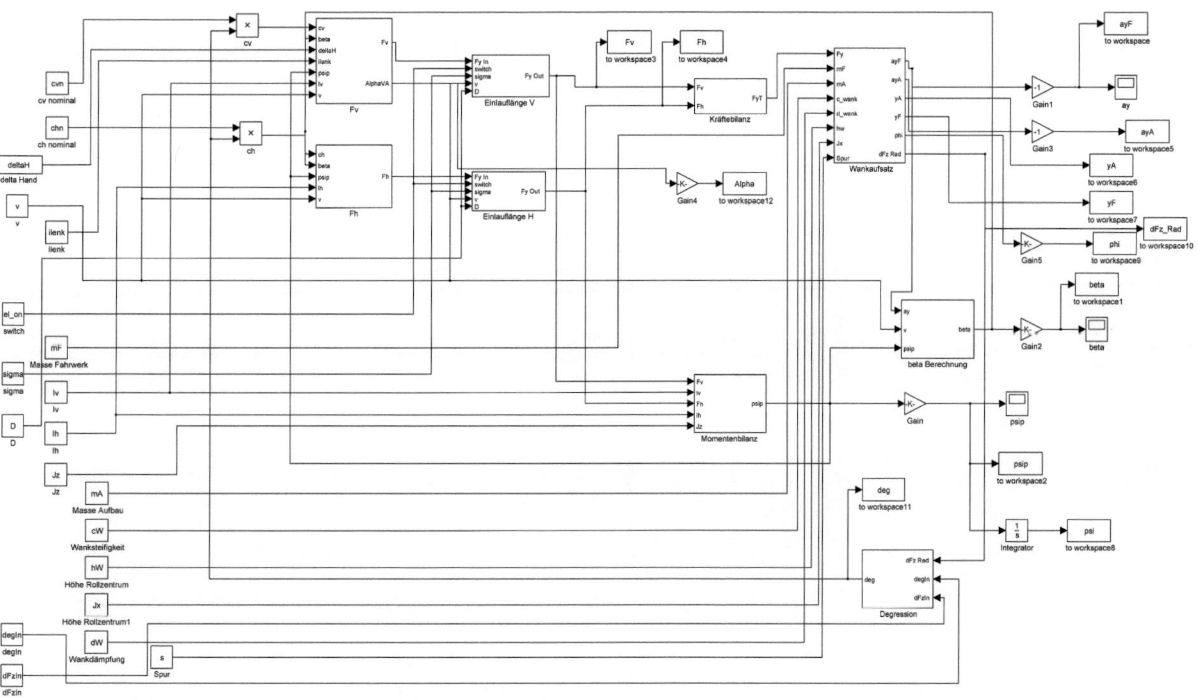

Bild A.4.: Einspurmodell mit Wankaufsatz und Degressionsverhalten in Matlab Simulink

Bild A.5.: Skript zur Teilung des Gesamtmessschriebs

```matlab
%% Aufruf-File Objektive Bewertung Reifeneigenschaften
%
% Autor: D. Gutjahr
%
% Version:  0.9
% Stand:    26. April 2012
%
%
%%%%%%%%%%%%%%%%%%%%%%%%%%%%%%%%%%%%%%%%%%%%%%%%%%%%%%%%%%%%%%%%%%%%%%%%%%
%
% Beschreibung:
%
% Dieses Skript liest Fahrzeugmessungen (.mat) ein und teilt diese
% in Einzelmessungen (.mat).
%
%%%%%%%%%%%%%%%%%%%%%%%%%%%%%%%%%%%%%%%%%%%%%%%%%%%%%%%%%%%%%%%%%%%%%%%%%%
%
%% Eingabe:
% Ordner, in dem das Gesamtmessfile liegt angeben:
%pfad = 'C:\EF_WorkDir\Source\07_Anwendung\2011-03-31_Grundsatz_F20_Michelin_205-
55_R16\Auslesen_E87_11-03-31';
pfad = 'C:\Users\q290467\Desktop\Anwendung_Objektive Reifenbewertung\2012-09-06';




%%%%%%%%%%%%%%%%%%%%%%%%%%%%%%%%%%%%%%%%%%%%%%%%%%%%%%%%%%%%%%%%%%%%%%%%%%
%
%%%%%%%%%%%%%%%%%%%%%%%%%%%%%%%%%%%%%%%%%%%%%%%%%%%%%%%%%%%%%%%%%%%%%%%%%%
%
%%%%%%%%%%%%%%%%%%%%%%%%%%%%%%%%%%%%%%%%%%%%%%%%%%%%%%%%%%%%%%%%%%%%%%%%%%
%% Ab hier beginnt der Programmablauf!
%
clc
%
% Einladen .mat-File
files = dir([pfad '\*.mat']);
id = menu('Datei mit Gesamtmessung auswählen:',files.name);
filename = files(id).name;
load([pfad '\' filename]);

sig.t = signale.Zeit.daten;
sig.lewi = signale.STWA.daten;
sig.lemo = signale.Lemo.daten;
sig.psip = signale.ANGV_YAW_DSC.daten;
sig.ay = signale.ACLN_VEH_ACRO_DSC.daten;
sig.v_fzg = signale.V_VEH.daten;
sig.t_at = signale.TEMP_EX.daten;

% Eingabe der Trennungsindizes
display('Bitte Startpunkt, Punkte zw. Messungen sowie Endpunkt in Darstellung
anklicken')
close all
plot(1:length(sig.v_fzg), sig.v_fzg, 1:length(sig.v_fzg), sig.lewi);
n = input('Anzahl Messungen: ')
for i = 1:n+1
    i
[x(i), y] = ginput(1);
end
```

```matlab
clear y
close all

% Indizes umschreiben
for i = 1:n
s(i) = round(x(i));
e(i) = round(x(i+1));
end
if e(end) > length(sig.v_fzg)
    e(end) = length(sig.v_fzg);
end
clear x y

clear Zeit1
for i = 1:n
Zeit1{i} = [num2str(signale.GiN_internal_SYSTEM_Year.daten(s(i))) '-' num2str(signale. ↙
GiN_internal_SYSTEM_Month.daten(s(i))) '-' num2str(signale.GiN_internal_SYSTEM_Day. ↙
daten(s(i))) '___' num2str(signale.GiN_internal_SYSTEM_Hour.daten(s(i))) ':' num2str↙
((signale.GiN_internal_SYSTEM_Minute.daten(s(i))))]
end

% Abscpeichern unter neuem Namen
clear signale
rad = (pi/180);
for i=1:length(e)
    clear Name signale Zeit
    Zeit = Zeit1{i};
    signale.fs = 1./diff(sig.t(1:2));
    signale.t = sig.t(s(i):e(i));
    signale.v = sig.v_fzg(s(i):e(i));
    signale.psip = sig.psip(s(i):e(i));
    signale.ay = sig.ay(s(i):e(i));
    signale.at = sig.t_at(s(i):e(i));
    signale.lewi = sig.lewi(s(i):e(i));
    signale.lemo = sig.lemo(s(i):e(i));
    signale.betap = ((signale.ay./(signale.v./3.6))) - (signale.psip*rad); % in rad
    signale.beta = cumtrapz(signale.betap.*(1/signale.fs))./rad;
    no = sprintf('%03.0f',i);
    Name = input(['Name der ' num2str(i) '. Messung: '], 's');
    Bezeichnung = input(['Spec: '], 's');
    save([pfad '\' no '_' Name '_' Bezeichnung], 'signale', 'Name', 'Zeit');
end
clear
clc
```

Bild A.6.: Aufrufskript der Anwendung

```matlab
%% Aufruf-File Objektive Bewertung Reifeneigenschaften
%
% Autor: D. Gutjahr
%
% Version:  0.9
% Stand:    26. April 2012
%
%
%%%%%%%%%%%%%%%%%%%%%%%%%%%%%%%%%%%%%%%%%%%%%%%%%%%%%%%%%%%%%%%%%%%%%%%%%%%
%
% Beschreibung:
%
% Dieses Skript liest Fahrzeugmessungen ein und berechnet Objektive
% Parameter.
%
%%%%%%%%%%%%%%%%%%%%%%%%%%%%%%%%%%%%%%%%%%%%%%%%%%%%%%%%%%%%%%%%%%%%%%%%%%%
%
% Ablauf:
%
% 1) Laden des Messungs-File (.mat)
% 2) Überprüfen der Auswertungsparameter
% 3) Auswertung
% 4) Ausgabe und Plot
%
%%%%%%%%%%%%%%%%%%%%%%%%%%%%%%%%%%%%%%%%%%%%%%%%%%%%%%%%%%%%%%%%%%%%%%%%%%%
%
%% Eingabe:
% hier liegen die auszuwertenden Dateien
clear
pfad = 'C:\Users\q290467\Desktop\Anwendung_Objektive_Reifenbewertung\2012-09-06';

% hier angeben, welche Kriterien ausgewertet werden sollen:
on.AS = 1;
on.LK = 1;
on.VS = 1;
on.GE = 1;
on.GS = 1;
on.KG = 1;
on.LW = 1;
on.SP = 1;

plotten =1; % 1 == Plot ein; 0 == Plot aus

% hier liegt diese Datei inkl. der weiteren Skriptdateien:
pfad_skript = 'C:\Users\q290467\Desktop\07_Anwendung\Skript_updated_2012-10-16';

% Überprüfen des Init-Files
%open([pfad_skript '\func_Init_AW.m']);



%%%%%%%%%%%%%%%%%%%%%%%%%%%%%%%%%%%%%%%%%%%%%%%%%%%%%%%%%%%%%%%%%%%%%%%%%%%
%
%%%%%%%%%%%%%%%%%%%%%%%%%%%%%%%%%%%%%%%%%%%%%%%%%%%%%%%%%%%%%%%%%%%%%%%%%%%
%
%%%%%%%%%%%%%%%%%%%%%%%%%%%%%%%%%%%%%%%%%%%%%%%%%%%%%%%%%%%%%%%%%%%%%%%%%%%
%% Ab hier beginnt der Programmablauf!
%
%pause
clc
```

```matlab
%
% Einladen .mat-File
l = dir([pfad '\*.mat']);
if length(l) > 0
    k = menu('Bitte Einzelmessung auswählen:',l.name);
else
    warning('Keine Messung im angegebenen Pfad!');
end
load([pfad '\' l(k).name]);
name = l(k).name;
%
% Einladen des Init-Files
cd(pfad_skript);
Par = func_Init_AW;

% Auswertung
clear OP
OP = func_ObjPar_AW(Par,signale,pfad_skript,on);
%
% Einladen der Referenzwerte
load('Referenz_F20_SR.mat');
%
% Plotten
diagramme_OP(on,OP,OP_REF,name);
```

Karlsruher Schriftenreihe Fahrzeugsystemtechnik
(ISSN 1869-6058)

Herausgeber: FAST Institut für Fahrzeugsystemtechnik

**Die Bände sind unter www.ksp.kit.edu als PDF frei verfügbar
oder als Druckausgabe bestellbar.**

Band 1   Urs Wiesel
**Hybrides Lenksystem zur Kraftstoffeinsparung im schweren
Nutzfahrzeug.** 2010
ISBN 978-3-86644-456-0

Band 2   Andreas Huber
**Ermittlung von prozessabhängigen Lastkollektiven eines
hydrostatischen Fahrantriebsstrangs am Beispiel eines
Teleskopladers.** 2010
ISBN 978-3-86644-564-2

Band 3   Maurice Bliesener
**Optimierung der Betriebsführung mobiler Arbeitsmaschinen.
Ansatz für ein Gesamtmaschinenmanagement.** 2010
ISBN 978-3-86644-536-9

Band 4   Manuel Boog
**Steigerung der Verfügbarkeit mobiler Arbeitsmaschinen
durch Betriebslasterfassung und Fehleridentifikation an
hydrostatischen Verdrängereinheiten.** 2011
ISBN 978-3-86644-600-7

Band 5   Christian Kraft
**Gezielte Variation und Analyse des Fahrverhaltens von
Kraftfahrzeugen mittels elektrischer Linearaktuatoren
im Fahrwerksbereich.** 2011
ISBN 978-3-86644-607-6

Band 6   Lars Völker
**Untersuchung des Kommunikationsintervalls bei der
gekoppelten Simulation.** 2011
ISBN 978-3-86644-611-3

Band 7   3. Fachtagung
**Hybridantriebe für mobile Arbeitsmaschinen.
17. Februar 2011, Karlsruhe.** 2011
ISBN 978-3-86644-599-4

Karlsruher Schriftenreihe Fahrzeugsystemtechnik
(ISSN 1869-6058)

Herausgeber: FAST Institut für Fahrzeugsystemtechnik

Band 8   Vladimir Iliev
Systemansatz zur anregungsunabhängigen Charakterisierung des Schwingungskomforts eines Fahrzeugs. 2011
ISBN 978-3-86644-681-6

Band 9   Lars Lewandowitz
Markenspezifische Auswahl, Parametrierung und Gestaltung der Produktgruppe Fahrerassistenzsysteme. Ein methodisches Rahmenwerk. 2011
ISBN 978-3-86644-701-1

Band 10   Phillip Thiebes
Hybridantriebe für mobile Arbeitsmaschinen. Grundlegende Erkenntnisse und Zusammenhänge, Vorstellung einer Methodik zur Unterstützung des Entwicklungsprozesses und deren Validierung am Beispiel einer Forstmaschine. 2012
ISBN 978-3-86644-808-7

Band 11   Martin Gießler
Mechanismen der Kraftübertragung des Reifens auf Schnee und Eis. 2012
ISBN 978-3-86644-806-3

Band 12   Daniel Pies
Reifenungleichförmigkeitserregter Schwingungskomfort – Quantifizierung und Bewertung komfortrelevanter Fahrzeugschwingungen. 2012
ISBN 978-3-86644-825-4

Band 13   Daniel Weber
Untersuchung des Potenzials einer Brems-Ausweich-Assistenz. 2012
ISBN 978-3-86644-864-3

Band 14   **7. Kolloquium Mobilhydraulik.**
27./28. September 2012 in Karlsruhe. 2012
ISBN 978-3-86644-881-0

Band 15   4. Fachtagung
Hybridantriebe für mobile Arbeitsmaschinen
20. Februar 2013, Karlsruhe. 2013
ISBN 978-3-86644-970-1

Karlsruher Schriftenreihe Fahrzeugsystemtechnik
(ISSN 1869-6058)

Herausgeber: FAST Institut für Fahrzeugsystemtechnik